KB019785

촛불의 과학

ROUSOKU NO KAGAKU GA OSHIETE KURERU KOTO

Supervised by Hideki Shirakawa
Photo by Kazuya Furaku and Others
Illustrations by Satoshi Nakamura, GOBO DESIGN OFFICE and Others

Original Japanese edition published by SB Creative Corp.

촛불의 과학

오지마 요시미 편역
시라카와 히데키 감수
공영태 옮김

북스힐

들어가는 말

1860년 크리스마스 시기에 영국 런던에 있는 왕립 연구소의 강연장에는 많은 청소년들과 성인들이 모였습니다. 모두들 어느 한 사람의 등장을 가슴 설레며 기다리고 있습니다.

그 사람은 당시 69세의 마이클 패러데이*Michael Faraday*였습니다. '만일 패러데이 시대에 노벨상이 있었다면 그는 적어도 6번은 수상했을 것이다.'라고 후세의 과학자들이 칭송할 정도로 많은 업적을 쌓은 화학·물리학자입니다.

드디어 강연장에 모습을 드러낸 위대한 과학자는 한 자루의 양초를 손에 들고, 다정하면서도 즐겁게 이야기를 시작했습니다. 당시는 전기가 일반에게 보급되기 전이어서 가정에서는 양초나 기름 램프가 사용되고 있었고 밤거리에는 가스등이 켜져 있었습니다.

패러데이는 '양초는 왜 탈까?', '타는 과정에서 무슨 일이 일어날까?'라는 수수께끼를 하나씩 풀어나갔습니다. 그리고 공기와 물, 금속, 생물과 같이 세상을 이루는 것들의 구조와 아름다움에 대해서도 상세하고 분명하게 설명을 해 나갔습니다. 그뿐만 아니라 마법처럼 보이지만 결코 마법이 아닌 재미있는 실험을 계속해서 보여주었습니다. 그곳에 있던 사람들은 '앞으로 어떤 일이 벌어질까!?', '어떻게 그럴 수 있지?'를 연발하며 모두 숨죽이며 지켜봤을 겁니다.

18세기 후반부터 19세기 초반은 산업 혁명의 시대로 이제까지 풍차와 물

레방아, 사람 손으로 했던 작업이 증기 기관으로 대체되어 가던 시대입니다. 1810년에는 노동자들이 기계에 일을 빼앗기는 것을 두려워하여, 기계 등을 부수는 '기계파괴운동*Luddite Movement*'이 일어나기도 했습니다.

그로부터 150년 이상이 지난 오늘날의 세계는 또다시 큰 전환점을 맞이하고 있습니다. IT기술의 급속한 발전으로 지금 있는 많은 직업이 없어질 것으로 예측되는 가운데, 일하는 방식과 교육 방식에 변화가 촉구되고 있습니다. 앞으로의 시대에는 스스로 의문을 가지고 스스로 생각하고 과제를 해결해 가는 힘이 더욱 요구될 것입니다. 그런데 이런 힘은 어떻게 하면 길러질까요?

저는 10년 넘게 초중고 학생들의 과학 연구를 돕는 일을 해왔습니다. 그동안 400여 명의 학생과 만나면서, 스스로 의문점을 발견하고 생각할 수 있는 학생과 그렇지 않은 학생의 차이에 대해서도 생각하게 되었습니다. 그것은 '왜?'라고 생각하는 습관을 끊임없이 갖는가, 그렇지 않은가에 달린 것 같습니다. 어릴 적에는 '왜 하늘은 파랗지?', '왜 매미는 여름에만 울지?' 등 많은 의문을 품었지만 크면서 점점 그렇지 않게 되어 버렸습니다. 다시 한번 '왜일까?'라고 생각해보는 계기가 필요합니다. 이 책은 그 '계기'를 여러분과 공유하고 싶어서 쓴 책입니다.

패러데이의 강연을 정리한 『The Chemical History of a Candle』은 역사적인 명저로 베스트셀러이며, 일본에서는 『양초의 과학』으로 잘 알려져 있습니다. 이 책에서는 강연 중에 패러데이가 했던 실험 중에서 재현할 수 있는 실험을 사진과 그림을 덧붙여 해설하고, 이야기의 흐름을 알 수 있도록 요약하고 보충하여 편집했습니다. 중요한 부분을 확실하게 전달하는 것을 우선으로 했기 때문에 강연록의 완역이 아니라 부분만을 뽑아서 번역했습니다. 원저에 있는 패러데이의 강연 내용은 "　" 로 표기하고 보라

색을 사용했습니다.

패러데이는 청중에게 집에 돌아가서 스스로 할 수 있는 실험을 소개하고, 직접 확인해 볼 것을 권했습니다. 이미 알고 있는 현상이라도 실제로 눈앞에서 벌어지면 새삼 놀랍고 신기합니다. 놀라움과 신기함은 또 많은 의문으로 이어질 것입니다. 가능하면 읽는 데 그치지 않고, 실험을 해 보고, 오감을 사용하여 과학을 즐겨보셨으면 좋겠습니다. 우리 앞에 과학의 문은 항상 열려 있습니다.

2018년 11월 오지마 요시미尾嶋好美

패러데이는 크리스마스 시기에 여러 차례 청소년들을 위한 선물로 강연을 했다(그림은 1856년 무렵).

실험할 때의 주의 사항

집에서 해 보기 쉬운 화학 실험에 대해서는 Experiment에서 준비물과 순서에 관해 설명했습니다. 단, 다음과 같은 주의 사항을 꼭 지켜 주세요.

- 불을 사용할 때는 화재와 화상에 주의해 주세요. 실험은 불이 번지지 않도록 하고(주위에 타기 쉬운 물건을 두지 않기, 불을 붙인 것이 넘어지지 않도록 하기 등), 소화기 등을 준비하며 불에서 눈을 떼지 않도록 합니다. 또 가루나 먼지가 많이 날리는 곳이나 휘발성의 가연물이 있는 곳 등, 폭발 위험이 있는 곳에서는 절대로 실험을 하지 말아 주세요. 실험에 사용할 기구에 쓰레기나 먼지, 물기가 있으면 이상 연소의 원인이 됩니다. 젖은 촛대를 사용하거나 물로 양초를 끄려고 하면 불꽃이 튀어서 불이 날 가능성이 크므로 매우 위험합니다.
- 생석회 등 자극이 강한 물질을 사용할 때에는 손이나 눈에 직접 닿지 않도록 해 주세요.
- 아이들만 실험하게 해서는 안 됩니다.
- 실험은 실내의 온도와 습도, 사용하는 재료 등에 따라서 잘되지 않을 수도 있습니다. 잘되지 않을 때는 그 이유에 대해서 생각해 보는 것이 공부가 됩니다.
- Experiment에서 다루고 있지 않은 실험에는 위험한 것도 있습니다. 직접 실험하는 것을 권하지 않습니다.

목차

세 번째 강연

연소할 때 생기는 물 65

네 번째 강연

또 하나의 원소 97

다섯 번째 강연

공기 중에는 무엇이 있을까? 109

시작하기에 앞서

마이클 패러데이와 윌리엄 크룩스

패러데이는 1791년에 런던의 근교에서 대장장이의 아들로 태어났습니다. 집이 가난했기 때문에 초등학교를 졸업하고 제본소의 견습공이 된 패러데이는 제본 일을 하면서 많은 책을 읽었습니다. 백과사전을 제본하면서 패러데이는 '전기'에 대해서 알게 되었고, 백과사전에 실린 전기실험을 직접 해 보기도 했습니다. 과학에 흥미를 느낀 패러데이는 제본공으로 일하면서 과학 공부를 계속했습니다.

패러데이가 21살이 되던 해, 제본소의 한 손님이 과학자 험프리 데이비의 강연 입장권을 패러데이에게 선물로 주었습니다. 영국의 왕립 연구소에서 열린 험프리의 공개 강연을 듣고 깊은 감명을 받은 패러데이는 300쪽이나 되는 강연록을 작성해서 자신이 품은 과학의 열정을 데이비에게 전달했습니다. 그 후 패러데이는 데이비의 조수가 되어 전자기학, 유기화학 등 다양한 과학 분야에서 업적을 쌓아갔습니다.

'패러데이 효과', '패러데이 상수', '패럿' 등 패러데이 이름이 붙은 과학 용어가 많이 있습니다. 초등학교만 졸업한 패러데이는 끊임없는 노력과 막대한 실험 시간, 그리고 과학에 대한 열정으로 '과학 역사에서 가장 영향을 끼친 과학자 중 한 사람'이 되었습니다.

그런데 『The Chemical History of a Candle』은 패러데이가 행한 여

섯 번의 강연을 윌리엄 크룩스*William Crookes, 1832~1919*가 정리하여 책으로 출판한 것입니다. 크룩스는 1875년에 진공 상태에서 전자선을 볼 수 있게 한 '크룩스 관'을 발명한 과학자로, 이후에 J.J.톰슨 등이 크룩스관을 이용하여 (–) 전하를 가진 입자인 전자를 발견하였고 과학은 획기적으로 발전했습니다.

다음에 소개하는 것은 1861년에 당시 28살이었던 크룩스가 쓴 『The Chemical History of a Candle』 서문의 요약입니다. 패러데이의 강연을 듣고 과학에 대한 넘치는 열정을 그대로 표현했습니다. 같은 해에 크룩스가 탈륨 원소를 발견한 것도 이러한 열정이 있어서 가능했을 겁니다.

그 옛날 원시적인 횃불이 사람들을 비추고 있었습니다. 지금은 파라핀 양초가 우리를 비추고 있습니다.

질그릇 안에서 의연하게 액체를 태우는 극동의 램프, 장엄한 제단 위에서 빛나는 커다란 양초, 그리고 거리를 밝히는 가스등……. 다양한 방법으로 사람은 불을 사용하여 빛을 밝히고 있습니다.

역사상 '불은 왜 타오르는가?' 하는 문제에 많은 사람이 의문을 품었습니다. 그리고 그러한 사람들의 헌신에 의해 조금씩 '연소'에 대한 지식이 쌓이면서 수수께끼가 밝혀지게 되었습니다.

이 책을 읽는 독자 중에서도 인류의 지식을 늘리는 데 헌신하는 사람이 있을 겁니다. 과학의 불꽃은 계속 타오르지 않으면 안 됩니다. "불꽃이여 나아가라(*Alere flammam*)!"

첫 번째 강연

양초는 왜 탈까?

A CANDLE_양초 한 자루

THE FLAME_불꽃 ITS SOURCES_원료 STRUCTURE_구조

MOBILITY_운동 BRIGHTNESS_밝기

서장을 대신하여

무대에 선 패러데이에게 청중의 시선이 집중되었습니다.

"여러분, 잘 오셨습니다. 지금부터 **양초의 과학**에 대한 연속 강연을 시작하겠습니다. 1848년 크리스마스 강연에서도 이 주제로 이야기한 적이 있습니다만, 상황이 허락한다면 저는 매년 같은 이야기를 하고 싶을 정도입니다."

"제가 말씀드리는 양초 이야기는 너무나 재미있고 또 과학의 다양한 면을 알 수 있는 훌륭한 주제입니다. 양초가 타는 현상에는 우주를 지배하는 법칙이 모두 관련되어 있습니다. 여러분이 자연 철학(과학)을 공부하는 데 있어 한 자루의 양초 이상으로 훌륭한 교재는 없을 것입니다. 따라서 지난번과 같은 강연 주제를 선택했다고 해서 여러분을 실망시키지 않을 것이라 생각합니다."

1799년에 설립된 영국 왕립 연구소(그림은 1838년 무렵). 패러데이는 연구소 한켠에서 오랫동안 살면서 연구에 매진했다. 강연도 이곳에서 이루어졌다. (그림: Thomas Hosmer Shepherd)

"강연을 시작하기 전에 여러분에게 미리 말씀드리고 싶은 것이 있습니다. 저는 이 위대한 양초 이야기를 진지하고도 세밀하게 그리고 학문적으로 다루겠지만, 성인들을 대상으로 하는 이야기는 아닙니다. 저도 한 사람의 젊은이가 된 기분으로 젊은이들을 상대로 이야기하고 싶습니다. 여기에서 이야기할 때는 늘 그래왔으며 이번에도 그렇게 하고 싶습니다. 이 강연이 세상에 널리 알려지리라는 것은 잘 알고 있지만, 그렇다고 해서 딱딱한 방식으로 이야기하기보다는 친숙한 방식으로 편안하게 진행하고자 합니다."

영국을 대표하는 과학자로 이미 이름이 널리 알려져 있는 패러데이. 그의 강연을 들으러 온 청중 중에는 신분이 높은 사람이나 유명한 과학자도 많았을 것입니다. 하지만 패러데이는 '무슨 일이 일어날까?' 하는 기대로 가슴 설레하는 청소년들을 비롯하여 자신의 강연을 즐기러 온 일반인들을 배려하며 친절하게 이야기를 이끌어갔습니다.

왕립 연구소 내부의 강연장 모습(사진은 현대). 연구소에는 1973년에 개관한 패러데이 박물관이 있고, 패러데이가 전자기 유도를 발견했을 당시 사용했던 장치 등이 전시되어 있다. (사진: AnaConvTrans)

양초는 무엇으로 만들어졌을까?

작은 나뭇조각을 손에 들고 패러데이는 이야기를 이어갔습니다. "자! 소년 소녀 여러분, 먼저 여러분에게 양초가 무엇으로 만들어졌는지에 대해서 설명하겠습니다. 제가 손에 들고 있는 것은 작은 나뭇조각입니다. 이것은 아일랜드의 늪지에서 채집한 양초 나무로, 딱딱하면서도 튼튼한 우수한 목재이기 때문에 하중을 견디는 부품에 자주 사용합니다. 그리고 양초처럼 밝은 빛을 내면서 잘 타기 때문에 그 지역 사람들은 이 나무를 횃불로 사용합니다. 이 작은 나뭇조각은 양초에서 일어나는 화학 변화의 구조를 매우 아름답게 보여줍니다. **연료를 공급하고 그 연료가 화학 반응을 일으키는 장소로 운반되어, 규칙적이면서도 천천히 공기가 공급되어 빛과 열이 발생합니다.** 그야말로 천연 양초인 셈이지요. 하지만 여기서는 흔히 가게에서 파는 양초에 대해서 이야기해 보겠습니다."

이렇게 말한 뒤 패러데이는 '담금식 양초', 즉 녹인 우지(쇠기름) 안에 실을 '담갔다가 꺼내는 방식으로' 만들어진 양초를 들고 제조 공정에 대해서 이야기를 시작했습니다.

예전에 광부들은 양초를 주로 '담금 방식'으로 직접 만들어 사용했습니다. 작은 양초는 큰 양초보다 인화 위험성이 적을 것이라 생각했고, 또 경제적인 이유로 1파운드(약 454g)의 우지로 20~60개나 되는 양초를 만들었던 것 같습니다. 그렇지만 탄광 안에서 폭발성 가스가 나오거나 가루 상태의 석탄, 즉 '석탄 가루'가 공기 중에 흩날리거나 하면 아주 작은 불꽃도 큰 폭발로 이어질 수 있었습니다. 양초를 작게 만들어도 폭발을 막을 수 없었던 것입니다. 그래서 1810년부터 양초 또는 램프의 불을 금속 망으로 덮은 '데이비램프*Davy lamp*'가 주로 사용되었습니다.

우지(쇠기름)로 만든 담금식 양초. 온도가 높은 곳에서는 쉽게 물러서 사용하기가 어렵다. 재료만 있으면 만드는 것은 간단하지만(다음 페이지 참조), 사용하는 데는 불편했을 것이다.

앞 페이지에서 설명한 양초의 제작 과정. 중탕으로 녹인 우지에 심지로 사용할 실을 담근다. 일단 꺼내서 식힌 다음, 다시 우지에 담그는 것을 여러 번 반복하면 점점 실의 둘레에 우지가 붙으면서 두꺼워진다.

담금식 양초에 대해서 대략적인 설명을 마친 패러데이는 여기저기 금이 가고 깨진 한 자루의 양초를 청중에게 보였습니다. "이 양초는 1782년에 침몰한 로열 조지호 안에 있던 담금식 양초입니다. 1839년에 인양되기 전까지 오랜 시간 동안 바닷속에서 소금물의 영향을 받았습니다. 지금 여러분이 보시는 바와 같이 여기저기 금이 가 있고 깨져 있지만 불을 붙이면 아무 문제없이 잘 탑니다. 양초가 얼마나 보존성이 좋은지 잘 아시겠지요."

우지를 사용한 양초는 끈적끈적하고 태웠을 때 가스도 납습니다. 이후 프랑스의 과학자 게이뤼삭이 우지에서 스테아린을 얻는 방법을 고안했습니다. 스테아린은 동물의 지방처럼 끈적거리지 않고 촛농이 흘러내려도 깨끗하게 떼어낼 수 있었기 때문에, 패러데이가 살던 시대에는 '스테아린 양초'가 주로 이용되었습니다.

크리스마스를 앞두고 전통적인 방법으로 양초를 만드는 현대의 남성(이탈리아). 많이 만들 때는 사진에서처럼 늘어뜨린 실에 초를 붓는 방법을 오래전부터 사용했다. (사진: istock.com/Paolo Paradiso)

패러데이는 계속해서 여러 가지 양초를 소개하고 만드는 방법에 대해서 이야기했습니다. 거푸집에 넣어 만든 양초, 합성 염료로 색을 입힌 양초, 일본에서 이용되던 일본식 양초에 대해서도 이야기했습니다. 이렇듯 양초는 여러 종류가 있고 재료도 다양했지만 모두 '초'와 '심지'로 이루어져 있다는 것은 같았습니다.

한편 석유램프는 어떨까요?

"석유램프의 경우에는 석유를 용기에 넣고 거기에 작은 비늘이나 목면 등을 담가 심지를 만들고 그 끝에 불을 붙여서 태웠습니다. 이때 불꽃은 심지를 따라서 아래로 내려가지만, 석유의 표면에 닿으면 꺼집니다. 불꽃은

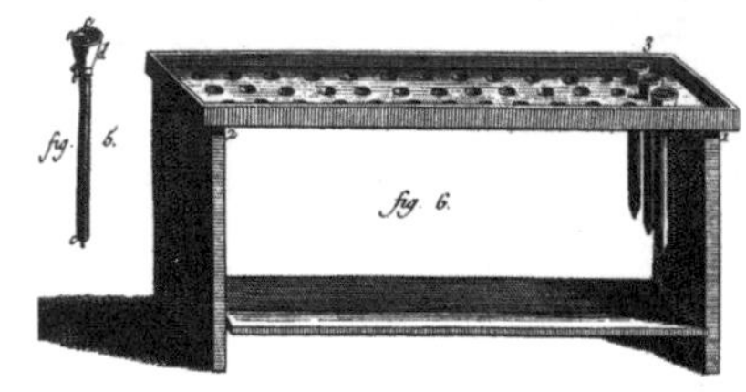

18세기 후반에 간행된 『프랑스 백과전서』[디드로(Denis Diderot)와 달랑베르(Jean d'Alembert) 감수]에 수록된 그림. 거푸집에 양초 원료를 부어 양초를 만들고 있다. (소장: 오사카 부립 중앙 도서관)

석유의 표면보다 윗부분에서 계속 타지만, 석유의 표면에서는 타지 않습니다. 여러분! 좀 이상하단 생각이 들지 않습니까? **'왜 석유는 스스로는 타지 않으면서 심지 끝에서는 탈 수 있을까?'**라는 의문 말입니다."

석유램프의 불꽃을 잘 보면 석유 표면보다 조금 윗부분에서 타는 것을 알 수 있습니다. 만일 석유 자체가 탄다면 불꽃은 석유 표면 전체로 번질 것 같지만 심지만 계속 탑니다. "양초는 더 신비롭습니다. 양초는 실온에서는 **고체**이기 때문에 액체와 달리 움직일 수 없습니다. 그런 고체가 어떻게 불꽃이 있는 곳까지 올라갈 수 있을까요?"

듣고 보니 정말 신기합니다. 패러데이는 청중의 관심을 한 곳에 모을 질문 하나를 던진 것입니다.

기름에 실을 담그고 불을 붙이면 석유램프처럼 타오른다. 불은 기름 표면으로 번지지 않는다.

불은 공기에 노출된 부분에서 탄다. 심지가 기름 속에 잠기면 불은 꺼져 버린다.

아름답기만 해서는 유용하지 않다

패러데이는 바람막이를 두어 양초에 바람이 닿지 않도록 하면서 불을 밝혔습니다. 조용히 타고 있는 양초의 윗부분에는 컵처럼 움푹 들어간 모양이 생겼습니다.

"여러분이 여기 보시는 바와 같이 양초 윗면에 예쁜 컵 모양이 생겼습니다."

왜 이런 모양이 생길까요? 양초가 타면 열이 발생하면서 공기가 따뜻해집니다. 높은 온도의 공기는 낮은 온도의 공기보다 가벼워지기 때문에 위로 올라갑니다. 올라간 공기가 있던 자리에는 주위에서 공기가 들어와서 또 데워지고 위로 올라갑니다. 양초 주위에 공기의 흐름(기류)이 발생하는 것입니다. 양초 아래쪽에서 올라오는 공기는 양초의 바깥쪽을 식히기 때문에 불꽃에 가까운 중심부가 녹아도, 양초 가장자리 부분은 녹지

양초가 타면서 생긴 열로 주위에 상승 기류가 발생한다. 그 결과 양초 윗면에 컵처럼 움푹 들어간 모양이 생기고, 액체 상태의 초가 모인다.

않고 남습니다. 이렇게 해서 양초에 예쁜 컵 모양이 생긴 것입니다. 하지만 이야기는 여기서 끝나지 않습니다.

"만일 이렇게 타고 있는 양초에 바람이 살짝만 불어도 불꽃이 기울어지면서 양초 가장자리를 녹이고 촛농이 아래로 흘러내릴 텐데요." 그러면 흘러내린 촛농이 뭉쳐서 단단해진 부분은 두꺼워지고 녹기 어려워집니다. 그렇게 되면 컵 모양은 생기기 어려워지고, 공기의 유입이 균일하지 않게 되어 타는 모양이 나빠지는 것입니다.

"양초에 다양한 색을 입히거나 때로는 아름다운 장식을 하기도 합니다. 보기에 정말 아름답습니다. 하지만 불규칙적인 변형이 있는 양초는 움푹 들어간 컵 모양을 만들 수 없습니다. 컵 모양을 만들지 못하는 양초는 규칙적인 상승 기류를 만들어낼 수 없어서 타는 모양이 무척 나쁩니다. 우리에게 도움이 되는 것은 양초의 외견이 얼마나 아름다운가가 아니라, 얼마나 실용적인가 하는 것입니다."

바람에 촛불이 흔들리면 양초 윗면 가장자리에 불꽃이 닿아서 초가 녹는다. 그곳으로 액체가 된 촛농이 흘러내린다.

멋진 장식이 새겨진 아름다운 양초라도 윗부분에 움푹 들어간 컵 모양이 생기지 않고 타는 모양이 나쁘다면 실패작이라고 할 수 있습니다. 패러데이는 실패의 의의에 대해서 다음과 같이 이야기했습니다.

"하지만 **실패**는 중요합니다. 실패하지 않았다면 알아차릴 수 없는 사실을 알려주기 때문입니다. 어떤 결과를 얻을 때는 항상, 특히 그것이 새로운 현상일 경우에는 '**이렇게 된 원인은 무엇일까? 어떻게 이렇게 되었을까?**'라고 생각하는 것을 잊지 말아 주세요. 의문을 갖고 끊임없이 생각하고 그 이유를 발견해 나갈 때 우리는 자연철학자(과학자)가 되는 것입니다."

"자, 여기서 양초에 대해 또 한 가지 해결해야 할 의문이 있는데요. 그것은 녹은 액체가 어떻게 움푹 들어간 곳에서 나와 심지를 타고 올라가 연소하는 곳까지 도달하는가 하는 것입니다. 양초의 불꽃은 고체의 초 부분까지 내려가지는 않습니다. 정해진 자리에서 끝까지 계속 탑니다. 불꽃은 움푹 패인 곳에 있는 액체로부터 떨어져 있습니다."

"마지막 순간까지 어느 한 부분이 또 다른 부분에 도움이 되게 작용한다."는 점에서 양초보다 더 뛰어난 것을 알지 못한다고 패러데이는 말했습니다.

타고 있는 양초를 잘 살펴보기 바랍니다. 양초의 불꽃은 초에서 조금 떨어진 곳에서 타오르고 있습니다. 고체인 초는 불꽃의 열에 의해서 액체가 됩니다.

"불꽃은 어떻게 연료를 공급받을까요? 그것은 다름 아닌 **모세관 현상**에 의해서입니다."

패러데이는 모세관 현상을 설명하기 위해서 소금을 사용한 실험(➔p26)을 진행했습니다.

"파란색 액체를 양초, 그리고 소금 기둥을 양초의 심지라고 했을 때, 자!

보십시오. 파란색 액체가 기둥을 타고 올라갑니다."

모세관 현상이란 '가는 관 모양을 한 물체 속을 액체가 타고 올라가는 현상'을 말합니다. 독자 여러분께서 가정에서 실험을 한다면 물을 담은 컵에 휴지를 넣어 보면 간단하게 확인할 수 있습니다. 물은 휴지를 타고 올라가는데요. 왜 이런 현상이 일어날까요?

패러데이는 물체 속 틈새를 따라 물이 이동해가는 예를 몇 가지 더 들었습니다. "손을 씻고 나서 수건에 물기를 닦은 후, 깜박 잊고 물이 채워진 세면기 가장자리에 걸쳐 놓았다면, 물이 수건을 타고 세면기 바깥으로 이동해 갑니다. 물 입자끼리 서로 잡아당기면서 수건 안에 있는 미세한 틈새를 타고 갔기 때문입니다. 양초 역시 같은 원리입니다. 목면 심지 속을 양초의 입자가 서로 끌어당기는 힘으로 계속해서 올라가는 것입니다."

불꽃의 위치는 초에서 조금 떨어져 있다. 녹은 초(액체)가 그 상태로 타는 것은 아니다.

파란색 식용 색소를 첨가한 물에 휴지를 넣으면, 물이 위로 올라가는 것을 볼 수 있다. 펄프 섬유의 틈새를 따라 물이 타고 올라가기 때문이다.

Experiment 1 중력을 거슬러 거꾸로 올라가는 액체

높게 쌓아 올린 소금을 이용하여 모세관 현상의 위력을 눈으로 확인할 수 있는 실험입니다. 이 실험은 패러데이와 같은 방법으로 쉽게 할 수 있습니다.

● 준비물

소금, 뜨거운 물, 식용 색소, 접시(가장자리가 있는 것), 저울, 계량컵 등

● 순서

1. 뜨거운 물 100ml에 소금 40g을 녹인다. 다 녹지 않고 소금이 조금 남아 있어도 괜찮다. 실온에서 식을 때까지 둔다.
2. 1에 식용 색소(미량)를 넣어 색을 만든다.
3. 접시 위에 소금을 최대한 높이 쌓는다.
4. 3의 접시에 2를 조심스럽게 붓는다(a~b).

a

b

고체에서 액체, 그리고 기체로

타고 있는 양초를 거꾸로 세우면 녹은 초가 빠르게 심지 끝에 도달하지만 불꽃은 꺼집니다. 연료인 초가 왜 불을 꺼지게 할까요?

패러데이는 이렇게 말합니다. "초에는 고체, 액체 외에 또 한 가지 상태가 있다는 것을 잘 알아야 합니다. 그렇지 않으면 양초의 원리를 충분히 이해했다고 할 수 없습니다."

양초는 고체나 액체 상태에서는 타지 않습니다. 다시 생각해 볼까요? 고체인 초는 불꽃의 열에 의해서 액체가 되고 모세관 현상으로 심지를 타고 올라갑니다. 그리고 불꽃에 가까이 간 액체인 초가 충분히 뜨거워졌을 때 기체가 되어 타는 것입니다. 양초를 거꾸로 세우면 초는 기체가 되지 못하고 결국 계속 타지 못합니다.

패러데이는 기체가 된 초를 '볼 수 있는' 실험을 해 보였습니다.

"양초를 입으로 불어서 끄면 증기가 위로 올라간다는 것을 알고 계시죠. 양초를 껐을 때 고약한 냄새가 나는 것도 바로 이 증기 때문입니다. 잘 불어서 끄면 액체인 초가 기체가 되는 것을 알 수 있습니다. 천천히 조심스럽게 입으로 불어서 양초를 꺼지게 하겠습니다."

패러데이는 양초의 불꽃을 흔들리지 않게 끄고 나서, 바로 옆에 준비해 두었던 작은 양초의 불꽃을 가까이 대었습니다. 두 양초 사이가 약 5~7cm나 되었는데도 꺼졌던 양초가 다시 타기 시작했습니다. 양초에서 양초로 불이 이어진 것입니다(→p30).

● 물질의 세 가지 상태

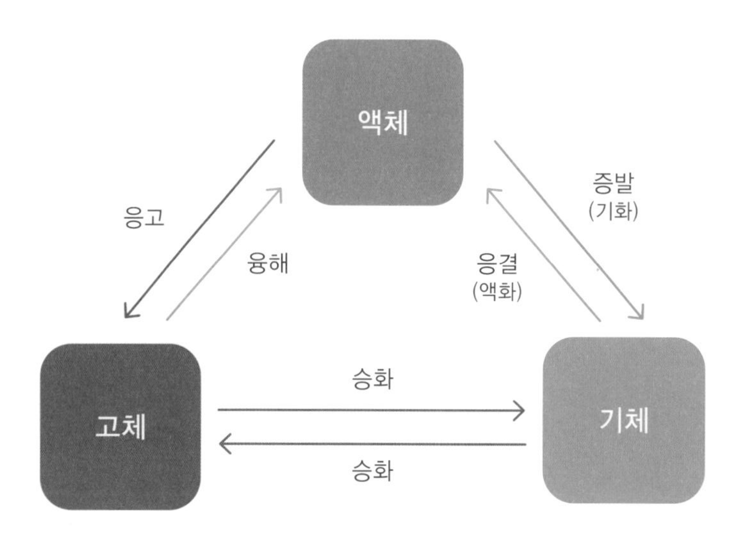

● 양초가 타는 과정

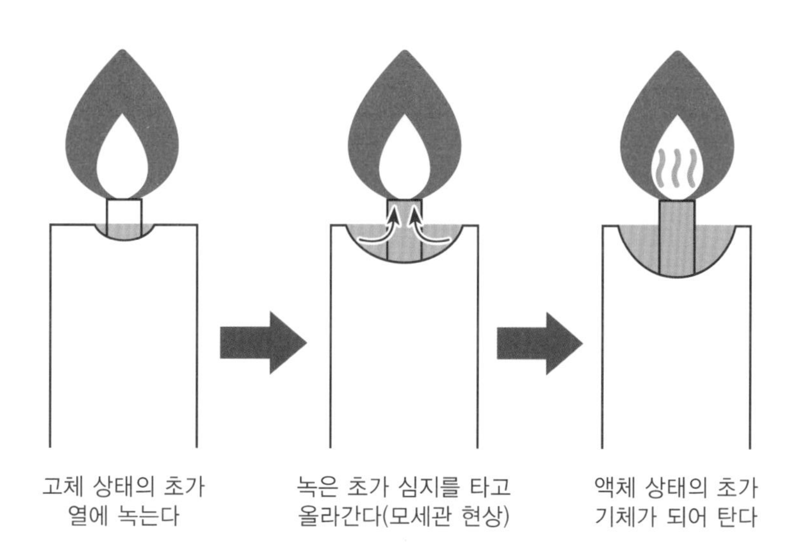

Experiment 2 이어지는 불꽃

'기체가 된 초 때문에 양초가 탄다'는 사실을 확인해 봅시다. 큰 양초의 불을 끈 다음 불이 붙은 작은 양초를 가까이 대면, 사진 a~c와 같은 현상이 한순간에 일어납니다.

● 준비물

큰 양초, 작은 양초, 라이터, 촛대 등

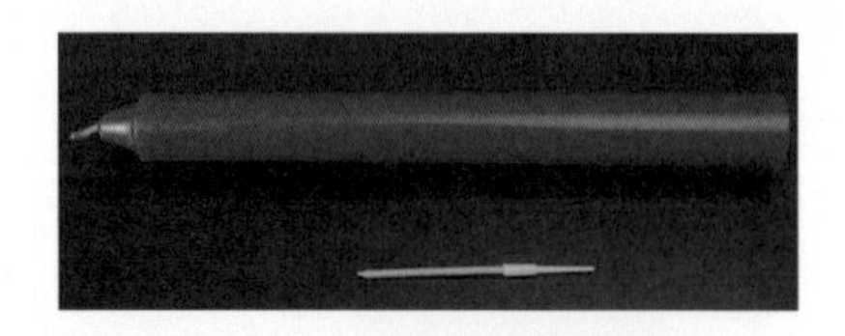

● 순서

1. 큰 양초에 불을 붙인다.
2. 작은 양초에도 불을 붙인다.
3. 큰 양초를 살짝 불어 끈다.
4. 곧바로 작은 양초를 큰 양초와 5~7cm 정도까지 가까이 닿게 한다(a~c).

* 세게 불어 끄면 기체 상태의 초도 날아가서 없어지므로 살짝만 불어 끕니다.
* 3~4의 순서는 기체 상태의 초가 가까이 남아 있는 사이에 빠르게 진행하는 것이 핵심입니다.

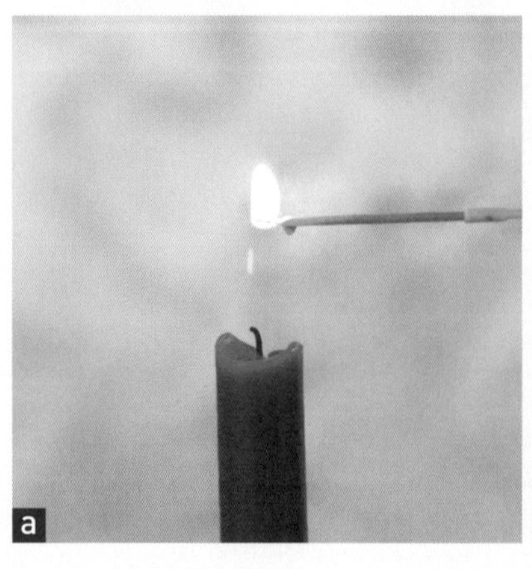

a

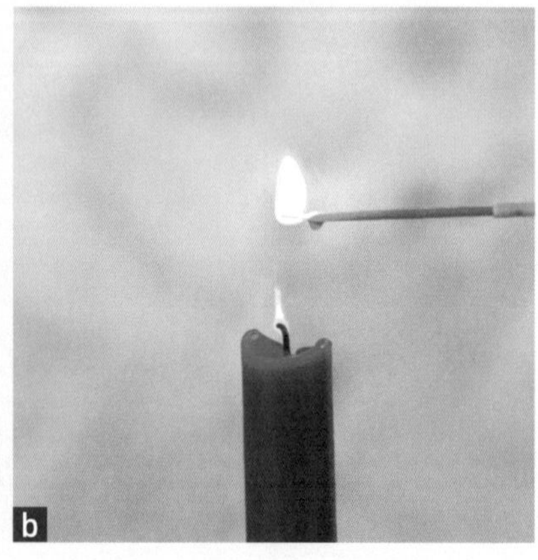

b

C

불꽃의 광채와 아름다움

다시 양초를 켜고 패러데이는 이야기를 계속했습니다.

"금이나 은에는 반짝이며 빛나는 아름다움이 있습니다. 루비나 다이아몬드 역시 아름답게 빛이 납니다. 하지만 이들 모두 불꽃의 빛과 아름다움에는 비할 수 없습니다. 어떤 다이아몬드가 불꽃처럼 빛을 낼 수 있을까요? 다이아몬드가 밤에 빛을 낼 수 있는 것은 바로 불꽃 덕분입니다. 불꽃은 어두운 밤에도 빛을 발하지만, 다이아몬드는 불꽃이 비춰주지 않으면 빛나지 않습니다. 하지만 양초는 어떻습니까? 스스로의 힘으로 밝게 빛나고, 스스로를 비추며, 양초를 만든 사람까지도 비춰 줍니다."

양초의 불꽃 모양을 살펴볼까요? 위쪽이 오므라져 보입니다. 불꽃의 색깔과 빛나는 모습에 대해서도 살펴볼까요? 심지 부근은 약간 어둡고, 불꽃 위쪽이 밝은 것을 볼 수 있습니다.

패러데이는 후커가 그린 작은 불꽃 그림을 보여주면서 이야기했습니다.

양초의 불꽃은 항상 위쪽이 오므라져 있다. 심지 부근은 어둡고 위쪽은 밝게 빛난다.

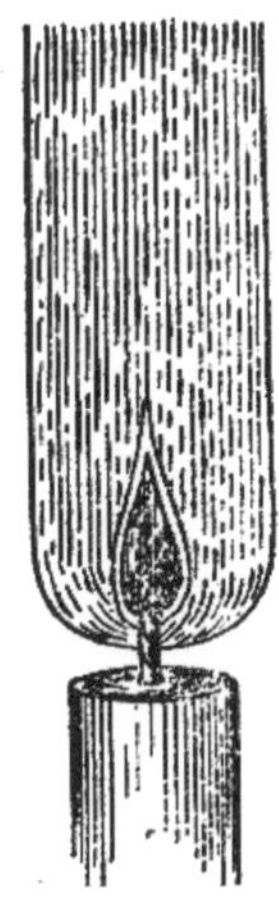

후커가 그린 불꽃. 따뜻해진 공기가 위로 올라가는 모습을 그렸다.

“이 그림에는 눈에는 보이지 않는 또 하나의 참모습이 그려져 있습니다. 불꽃 주위를 상당량의 물질이 상승하고 있는 모습입니다. 이 공기의 흐름에 의해서 양초의 불꽃은 위로 끌어올려지고 있습니다. 눈에는 보이지 않는 이 흐름은 양초에 불을 붙여 햇볕에 내놓고 그림자를 비추어 보면 알 수 있습니다.” 패러데이는 스크린과 전등을 준비해서 양초의 그림자를 만들었습니다. 밝게 빛나는 양초의 불꽃. 그 그림자는 어떤 모습이었을까요?

“신기하게도 불꽃의 그림자에서 가장 어둡게 보이는 것은 양초의 가장 밝은 부분입니다. 그리고 여기에 후커 씨의 그림처럼 뜨거운 공기가 위로 올라가고 있는 것이 보입니다. 이 위로 향하는 공기의 흐름이 불꽃을 당겨 올리고, 불꽃에 공기를 공급하고, 녹은 초의 가장자리를 식혀 움푹 들어간 컵 모양을 만드는 것입니다.”

불꽃으로 따뜻해진 공기는 위로 올라갑니다. 때문에 불꽃은 끌어올려지는 것입니다. 하지만 왜, 밝은 불꽃의 그림자가 어둡게 보일까요? 그것은 여기서는 설명하기 어렵습니다. 다음 강연에서 자세히 밝혀집니다.

양초의 위쪽은 밝게 보이지만 스크린에 비친 그림자는 어둡다. 그림자가 생기는 이유는 무엇인가가 빛을 차단하기 때문이다.

그리고 첫날 강연의 마지막 주제가 이어집니다.

"커다란 솜뭉치에 알코올을 적십니다. 솜뭉치는 양초에서 심지와 같고, 알코올은 초와 같다고 생각해 주세요. 그런데 불을 붙였을 때 타는 모양을 보면 양초와 상당히 다릅니다."

여기저기서 마치 '혀' 모양의 작은 불꽃이 일어납니다. 공기의 흐름이 일정하기 않기 때문에 불꽃은 한 개가 아니라 여러 개의 '혀' 모양이 됩니다. 또한 양초보다도 활발하게 탑니다.

"양초와는 다르게 타는 것이 보이지요. 한 가지 더 실험을 해 보겠습니

솜뭉치에 알코올을 적셔서 태우면 다양한 형태의 불꽃이 생긴다. 어느 불꽃이나 위쪽을 향해서 뻗쳐 오른다. 양초와 달리 일정한 형태가 없고 순간순간 형태가 바뀐다.

다. 여러분 중에 **스냅드래건 놀이**를 해 본 적이 있는 분도 계시지요?"

패러데이가 살던 시대에는 크리스마스 무렵, 불 속에 있는 건포도를 꺼내 먹는 '스냅드래건 놀이'를 즐겨했다고 합니다. 불에 손을 넣을 수 있는가로 담력을 시험하는 꽤 위험한 놀이였던 것 같습니다. 패러데이는 건포도에 브랜디를 부어서 태우는 '스냅드래건 놀이'를 실제로 해 보였습니다(다음 페이지 참조).

"충분히 데워진 접시 안에 따뜻하게 데운 건포도를 넣습니다. 그리고 여기에 브랜디를 붓습니다. 건포도는 양초의 심지, 브랜디는 연료 역할을 합니다. 불을 붙여 볼까요? 아름다운 불꽃의 혀가 보이네요. 공기가 접시 가장자리에서 들어와서 이처럼 불꽃의 혀를 만드는 겁니다."

"왜 그럴까요? 불꽃에 의해서 상승 기류가 생긴 데다가 공기의 흐름이 불규칙하게 되었기 때문입니다. 그래서 불꽃은 한 개가 아닌 여러 개가 되어 그것들이 각각 독립적으로 타게 됩니다. 여러 개의 양초가 타고 있는 것과 같습니다."

패러데이는 타는 방법이 다른, 즉 모양이 다른 불꽃이 서로 어울려서 한 개의 커다란 불꽃으로 보이는 것에 대해서 설명했습니다. 그리고 어떤 모양의 불꽃이 생기는지에 대해서 그림으로도 보여주었습니다(아래 그림).

패러데이가 그린 불꽃 형태. 작은 혀처럼 생긴 모양이 많이 보인다. 여러 가지 형태의 불꽃이 동시에 존재하고, 매우 활발하게 움직이고 있는 것처럼 보인다.

Experiment 3 불꽃의 '아름다운 혀 모양'

브랜디를 태우면 푸른 불꽃이 나옵니다. 상당히 아름답지만 화상의 위험이 있기 때문에 보기만 해 주세요. 건포도는 불이 꺼지고 난 다음에 꺼내 주세요.

● 준비물

건포도, 뜨거운 물, 브랜디, 라이터, 직화가 가능한 내열 접시(가장자리가 있는 것) 등

가장자리가 넓은 접시를 사용하여 건포도와 함께 따뜻하게 데워 둔다.

● 순서

1. 크기가 큰 건포도 5~6개를 접시에 담아서 뜨거운 물을 붓고 전체를 따뜻하게 데운다.
2. 1의 뜨거운 물만 버리고, 브랜디를 붓는다(건포도가 잠길 정도까지).
3. 불을 붙인다.

* 접시나 건포도가 차가우면 브랜디의 알코올이 기화하는 데 시간이 걸리기 때문에 불이 붙지 않습니다.

브랜디에 붙은 불이 꺼지고 청중의 시선이 패러데이를 다시 향했습니다.

"아쉽지만 오늘 강연은 스냅드래건 놀이를 끝으로 마쳐야 할 것 같습니다. 어떤 상황에서도 여러분과 약속한 시간을 넘겨서는 안 되니까요. 다음 강연부터는 실험에 시간을 할애하기보다는 조금 더 엄밀하게 과학에 관하여 시간을 들여 이야기하겠습니다."

패러데이는 '강연이 1시간 이상 계속되면 청중의 집중력이 떨어진다'고 해서 강연을 딱 1시간에 끝내려고 했습니다. 일반인 입장에서는 '양초의 과학' 같은 이야기를 설명으로만 듣지 않고 때때로 실험을 직접 볼 수 있어서 이해하기도 쉽고 또 재밌게 느꼈겠지요. 하지만 실제로는 여러 가지 실험을 계속하면서 강연 시간을 맞추기란 매우 어려웠을 것입니다. 강연을 순조롭게 진행하기 위해서 패러데이는 꽤 오랜 시간을 준비했습니다.

첫날 강연에서 양초는 연료가 되는 초와 타기 위한 심지가 필요하다는 것, 고체인 초가 불꽃의 열에 녹아 액체가 되어 심지를 타고 올라가 기체가 되어 연소한다는 것을 분명하게 설명했습니다.

하지만 아직 확실하지 않은 것도 있습니다. 왜 양초의 불꽃 안쪽과 바깥쪽의 색이 다를까요? 왜 밝게 보이는 곳이 어두운 그림자를 만드는 것일까요?

몇 가지 의문을 남기고 첫날 강연이 끝났습니다.

● 첫 번째 강연에서 배운 연소의 구조

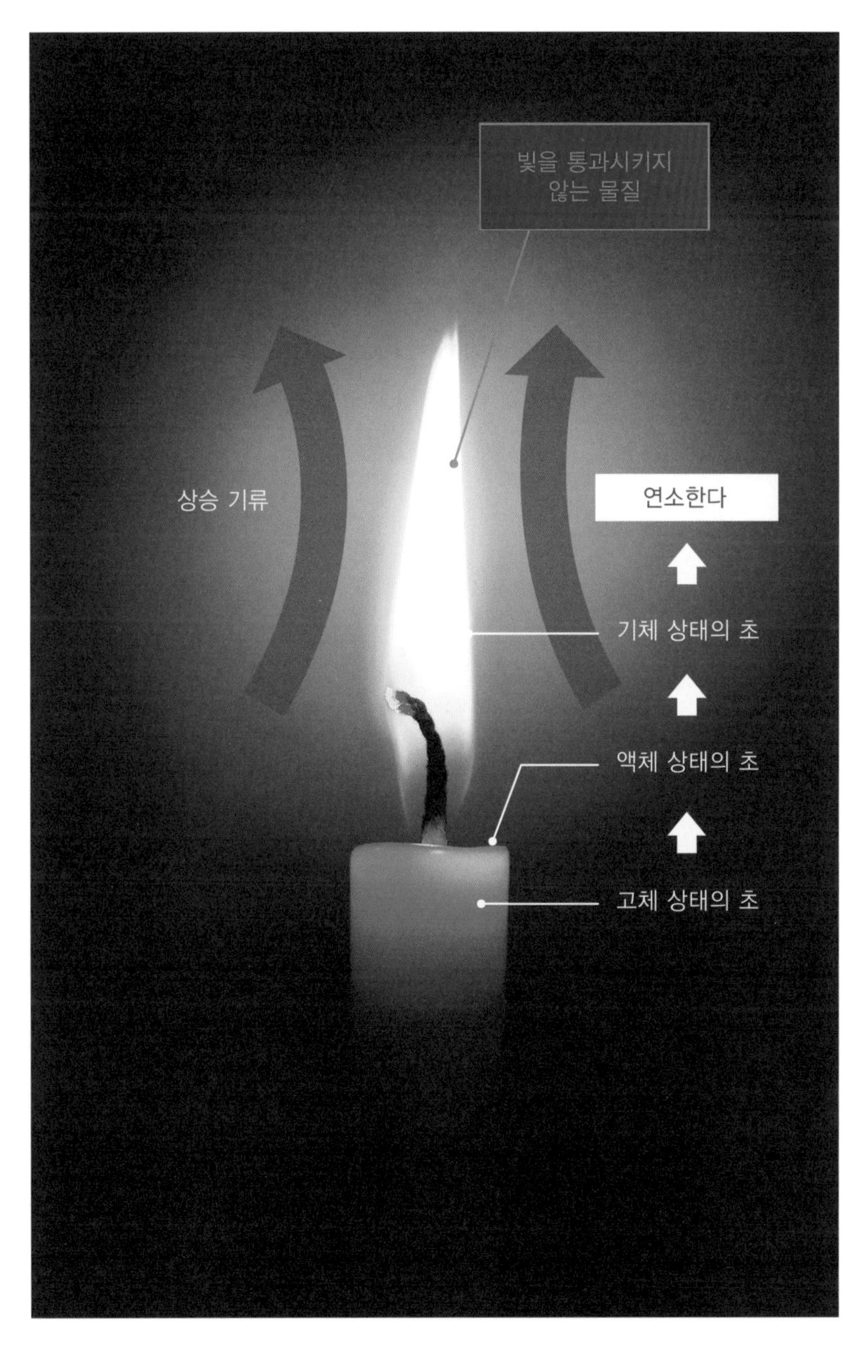

Note 1 양초에 대해서

양초는 고대 이집트에도 존재했다고 합니다. 유럽은 19세기 무렵까지, 일본은 20세기 중반까지 일상적으로 사용되었습니다. 하지만 현대를 사는 우리는 밝고, 사용하기 쉬우며 화재 걱정도 적은 전기 조명의 혜택을 누리고 있습니다. 독자 여러분 중에도 양초 하면 '생일이나 종교 행사를 할 때, 또는 아로마 캔들 정도밖에 사용하지 않는다'라는 분들도 많을 텐데요.

그렇지만 양초 한 자루가 불을 밝히고 있는 모습을 볼 기회가 있다면 천천히 잘 관찰해 보시기 바랍니다. 동서고금에 걸쳐서 다양한 양초가 만들어졌습니다만, 불꽃의 형태는 모두 비슷합니다. 불꽃의 열에 의해서 만들어진 상승 기류에 의해서 위쪽으로 길어진 모양입니다.

참고로 크리스마스가 다가오면 아래 사진과 같은 '회전형 캔들 홀더'를 판매하는 곳이 많습니다. 양초에 불을 밝히면 천사 모양이 부착된 금속판이 천천히 빙글빙글 돌게 되어 있는 장식품입니다. 양초를 켜서 생기는 공기의 흐름을 이용한 것입니다.

양초의 형태, 색, 크기는 서로 제각기 다르지만 불꽃 형태는 거의 비슷하다. 또 각각 밝은 부분과 어두운 부분이 있다.

크리스마스에 장식되는 회전형 캔들 홀더.

두 번째 강연

양초는 왜 빛이 날까?

BRIGHTNESS OF THE FLAME_불꽃의 밝기

AIR NECESSARY FOR COMBUSTION_연소에 필요한 공기

PRODUCTION OF WATER_물의 생성

양초는 어디로 갔을까?

패러데이는 다음과 같은 말로 두 번째 강연을 시작했습니다.

"지난 강연에서는 양초의 액체 부분의 특징과 연소하는 곳으로 어떻게 올라가는가에 대해서 이야기했습니다. 그리고 오늘은 불꽃의 각 부분에서 어떤 일이 어떻게 일어나는지, 왜 일어나는지, 마지막으로 양초는 어디로 사라지는지에 대해 이야기하려고 합니다."

양초는 타버린 후 모습을 감추어 버립니다. 초는 어디로 가버렸을까요? 패러데이는 굽은 유리관을 사용하여 설명을 계속했습니다.

"양초를 주의 깊게 관찰해 봅시다. 양초의 불꽃 중심에 검은 부분이 있지요. 여기에 유리관 한쪽 끝을 꽂아 보겠습니다. 그러면 어떤 물질이 유리관 다른 쪽 끝으로 나오는 것을 볼 수 있습니다. 이것을 플라스크에 모으면 무언가 무거운 물질이 플라스크 바닥으로 내려가는 것이 보입니다."

"이것은 양초의 원료 물질(초)이 증기로 변한 것입니다. 양초의 불을 불어서 껐을 때 고약한 냄새가 나는 것은 이 증기 때문으로, 양초는 이 증기가 타는 것입니다."

양초의 증기는 유리관을 통해서 플라스크 바닥에 쌓입니다. 양초의 불꽃 안에 양초의 증기가 있다는 것을 이 실험을 통해서 확실하게 알았습니다.

다음에 패러데이는 초를 플라스크 안에 넣고 데웠습니다. 초는 녹아서 액체가 되고 증기가 위로 올라갑니다. 그리고 플라스크에서 나오는 증기에 불을 붙이자 양초와 똑같이 탔습니다. 이 실험으로 초가 데워져서 증기가 되고, 증기가 된 초는 연소한다는 것이 확인되었습니다.

양초 심지 근처에 유리관을 꽂으면 유리관 반대쪽에서 희고 무거운 기체가 나온다. 이것은 초가 기체가 된 것이다.

양초를 '끌어오다'

패러데이는 다시 굽은 유리관을 꺼냈습니다. 아까 것과는 모양이 달랐습니다.

"불꽃 속에 가는 유리관을 꽂아 보겠습니다. 그리고 이 유리관 반대쪽 입구에 불을 붙여 보겠습니다. 자 보십시오. 잘 타지요. 정말 굉장한 실험이라고 생각하지 않습니까? 일상에서 '**가스를 끌어온다**'고 자주 말합니다만, 우리는 지금 **양초를 끌어온** 것입니다!"

이 실험으로 양초의 불꽃에는 두 가지 작용이 있다는 것을 알았습니다. "한 가지는 증기의 생성이고, 다른 한 가지는 증기의 연소입니다. 이 두 가지 작용이 각각 양초 불꽃의 정해진 장소에서 일어납니다."

양초의 불꽃 중심부에 유리관을 꽂았을 때는 증기를 끌어낼 수 있었습니다. 하지만 불꽃 끝 쪽으로 유리관을 들어 올리면 증기가 나오지 않습니다. "거기서는 증기가 이미 타버려서 남은 것은 더 이상 탈 수 없습니다." 라고 패러데이는 설명했습니다.

"증기가 나오는 곳은 불꽃의 중심부, 즉 심지가 있는 곳에 한정됩니다. 불꽃의 바깥(겉불꽃)에서는 주변 공기와 초의 증기가 격렬한 화학 반응을 일으켜서 빛을 냅니다. 우리가 빛을 얻을 때 초의 증기는 잃어버리는 것입니다."

유리관으로 양초의 불꽃에서 증기를 끌어낼 수 있는 곳은 심지 바로 근처뿐입니다. 불꽃 윗부분에는 초의 증기가 존재하지 않습니다.

"다음에는 양초의 열이 어디에 있는지를 살펴보기로 하겠습니다."

패러데이는 양초의 불꽃 속에 종이를 넣었습니다. 순간적으로 고리 모양의 검은색 동그라미가 한 개 생겼습니다(➔p46).

"이 동그라미가 생긴 부분이 화학 반응이 일어난 장소입니다. 열이 있는 곳도 이 검은 동그라미 부분입니다. 여러분이 지금 보셨듯이 중심부가 아닙니다."

이와 같은 실험은 집에서도 가능하다고 패러데이는 말했습니다.

"종이테이프 한 개를 준비해 주세요. 종이테이프로 양초의 불꽃 중심을 가로지르듯 통과시켜 보겠습니다. 종이테이프의 두 곳은 탔지만, 중심부는 타지 않았습니다. 연료와 공기가 함께 만나는 곳에 열이 있다는 것을 잘 이해하셨으리라 생각합니다. 무척 신기하지요."

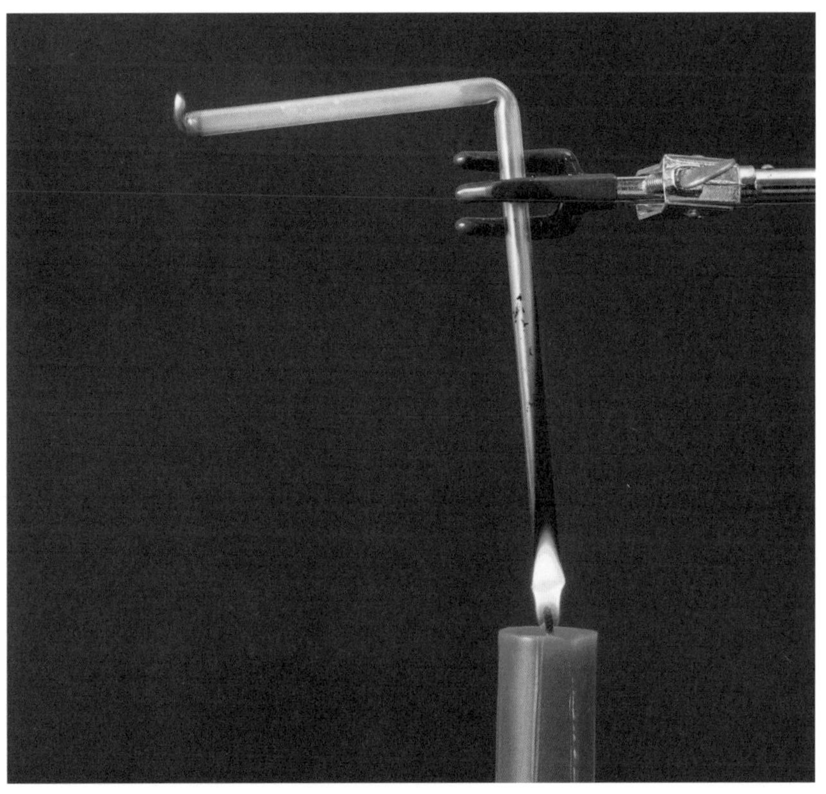

심지 바로 근처에 유리관을 꽂아 넣으면 유리관 반대쪽에서 초의 증기가 나온다. 이 증기에 불을 갖다 대면 불이 붙는다.

Experiment 4 불꽃의 열은 어디에 있는가

두꺼운 종이를 불꽃 중심에 끼워 넣어보면 열이 있는 곳을 알 수 있습니다. 얇은 종이테이프는 금방 타버리기 때문에 나무젓가락으로 바꾸어 실험하는 방법을 소개하겠습니다.

● 준비물

양초, 두꺼운 종이, 나무젓가락, 라이터, 촛대 등

두꺼운 종이는 명함 두께 정도를 사용한다. 얇은 종이는 금방 타버리기 때문에 위험하다.

● 순서

1. 양초에 불을 붙인다. 양초가 조용히 타도록 바람을 막아 준다.
2. 두꺼운 종이를 수평으로 잡고 양초의 불꽃 중심에 넣었다가 바로 뺀다(a~b).
3. 나무젓가락을 불꽃 중심에 넣었다가 바로 뺀다(c~d).

* 순식간에 검게 됩니다. 오래 넣고 있으면 타버리므로 주의해 주세요.

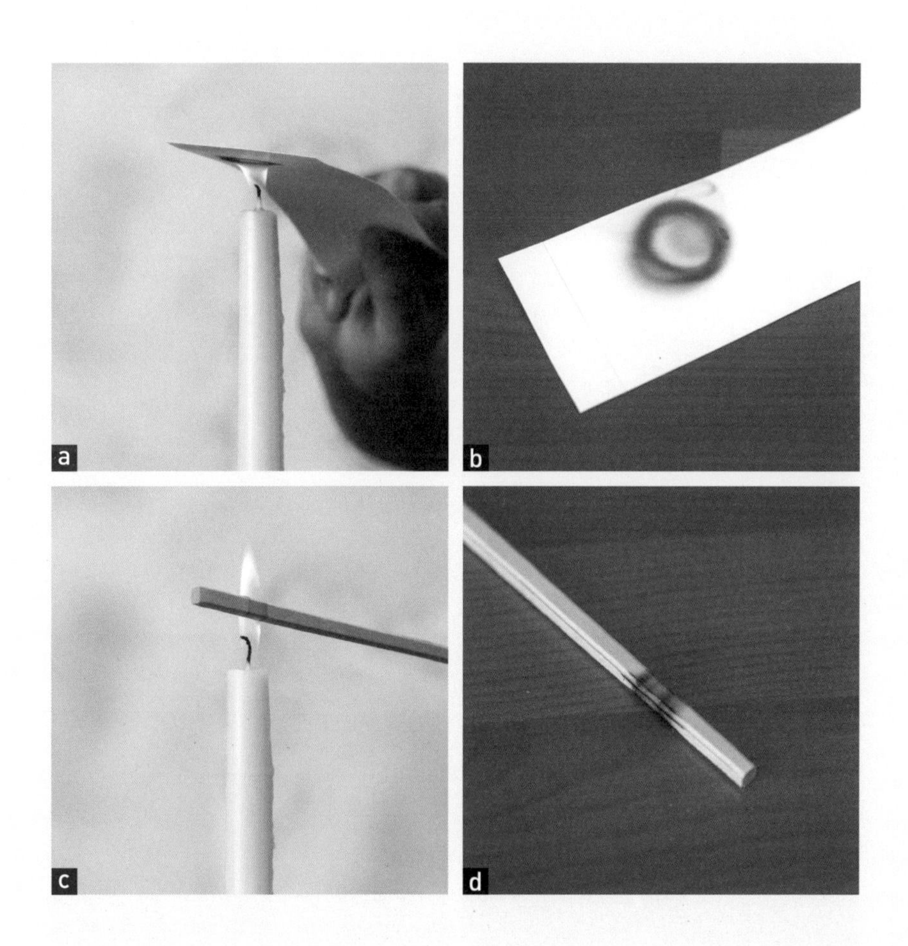
a
b
c
d

연소하기 위해서는 신선한 공기가 필요

양초의 불꽃 안에서 화학 반응이 일어나 열이 생기는 곳은 촛불의 안쪽 부분이 아닌 바깥쪽 부분이라는 것을 알았습니다. 즉, 공기와 접하고 있는 부분입니다.

"양초의 연소를 과학적으로 생각해 볼 때 어디에 열이 있는지를 아는 것은 대단히 중요합니다. 그리고 공기는 연소를 위해서 꼭 필요하며, 공기라도 다 같은 공기가 아니라 신선한 공기여야 한다는 것도 여러분이 꼭 알아두셔야 합니다. 그렇지 않으면 우리가 하는 추론과 실험이 불완전한 것이 되어 버립니다." 패러데이는 이렇게 말하고 입구가 넓은 병을 꺼냈습니다.

"여기에 공기가 들어 있는 병이 있습니다. 이것을 불이 붙여진 양초에 씌워 보겠습니다. 여전히 잘 타지요. 하지만 변화가 곧 생깁니다. 잘 보세요. 불꽃이 곧 꺼질 듯이 위로 길게 늘어집니다. 그리고 불꽃은 결국 꺼져

불이 켜진 양초에 병을 덮는다. 병을 덮은 후 얼마 동안은 잘 탄다.

버립니다."

왜 꺼졌을까요? 병 속에는 아직 공기가 남아 있는 것처럼 보입니다. 하지만 그 일부가 변화해버려서 양초가 타기 위한 '신선한' 공기가 부족해진 것입니다.

신선한 공기가 부족한 상태에서 무언가를 태우려고 하면 어떻게 될까요? 패러데이는 솜뭉치에 테레빈유*turpentine oil*를 적셔서 실험했습니다.

"큰 불꽃의 실물이 필요하기 때문에 이제부터 그것을 만들어 보겠습니다. 이 솜뭉치는 큰 심지입니다. 여기에 불을 붙입니다. 심지가 크기 때문에 공기가 많이 필요합니다. 공기가 충분하지 않으면 불완전 연소가 됩니다."

"잘 보세요. 검은 것이 피어오르지요. 솜뭉치 바깥쪽에는 신선한 공기가 있지만 안쪽에는 신선한 공기가 부족합니다. 신선한 공기가 부족해서 불완전 연소가 되면 검은 연기, 즉 그을음이 불꽃 바깥으로 나옵니다."

시간이 지날수록 불꽃이 작아지면서 병 안쪽이 흐려진다. 불꽃은 점점 작아지다가 꺼져 버린다.

앞서 한 실험에서 양초의 불꽃 속에 종이를 끼워 넣었을 때 고리 모양의 검은색 동그라미가 생긴 것을 보았습니다. 이것도 그을음, 즉 탄소라고 패러데이는 밝혔습니다.

"양초는 불꽃을 동반하여 탑니다. 그런데 연소하면 항상 불꽃이 생길까요? 아니면 불꽃이 없는 경우도 있을까요? 다음 실험에서 보여드리겠습니다. 우리 같은 젊은 과학자들은 대조적인 결과로 명확하게 하고 싶어합니다."

테레빈유에 솜뭉치를 담갔다가 태우면 검은 연기가 나온다. 공기가 안에까지 들어가지 못하여 불안전 연소가 되었기 때문이다.

불꽃을 내는 연소, 불꽃을 내지 않는 연소

패러데이는 화약과 철가루를 준비했습니다.

"여러분은 화약이 불꽃을 내면서 연소한다는 것을 잘 알고 계시지요. 화약에는 탄소와 그 밖의 여러 가지 물질이 섞여 있으며, 이들이 한꺼번에 불꽃을 내면서 탑니다. 자, 여기에 철가루를 준비했습니다. 이것을 화약과 섞어서 태우면 어떻게 될까요?"

이것은 위험한 실험입니다. 패러데이는 "여러분은 이 실험을 절대로 따라 해서는 안 됩니다. 각별히 주의하여 취급하면 괜찮겠지만 그렇지 않으면 큰 사고가 납니다."라고 당부하는 것을 잊지 않았습니다.

"여기에 있는 작은 나무 그릇에 화약을 아주 조금 넣고 철가루를 섞겠습니다. 저는 화약으로 철가루에 불을 붙이려고 합니다. 화약은 불꽃을 내면서 타지만 철가루는 불꽃을 내지 않고 탑니다. 제가 불을 붙이면 여러분은 그 차이를 잘 살펴봐 주세요." 이렇게 말하고 패러데이는 화약과 철가루의 혼합물에 불을 붙였습니다.

'화약'이란 열과 충격 등에 의해서 급격한 화학 반응을 일으키는 물질입니다. 패러데이가 사용한 흑색 화약에는 질산 포타슘이 60~80%, 황이 10~20%, 목탄이 10~20%의 비율로 함유되어 있었을 것으로 생각됩니다. 불이 붙으면 질산 포타슘이 황이나 목탄과 한꺼번에 반응하여 이산화 탄소, 질소와 같은 기체와 열이 발생합니다. 흑색 화약을 밀폐 용기 안에서 연소시키면 기체가 그 안에 있을 수 없게 되어 폭발합니다. 그러나 밀폐하지 않고 조용히 태우면 불꽃만 낼 뿐입니다.

철은 그대로는 타지 않습니다. 하지만 철가루처럼 잘게 부수어 공기에 접촉하는 표면적이 커지면 탑니다. 철가루와 화약을 섞어서 태울 경우, 화약은 불꽃을 내면서 타게 되고 그 열로 철가루도 타는 것입니다.

"화약은 불꽃을 내면서 타고, 철가루는 밝게 빛나면서 공중으로 튀어 오르는 것이 보이셨나요? 철가루는 타면서도 불꽃을 만들지 않는다는 것도 아셨으리라 생각합니다. 우리는 조명으로 석유램프나 가스, 그리고 양초를 사용합니다. 이것은 이들이 불꽃을 내는 연소를 하고 있기 때문입니다."

현대의 우리는 화약과 금속의 연소를 이용한 '폭죽'으로 불꽃놀이를 합니다. 폭죽 안에는 화약 외에 금속 가루가 들어 있습니다. 폭죽은 금속이 탈 때의 색과 빛, 그리고 폭죽의 불꽃이 합쳐져서 만들어진 겁니다. 스트론튬은 붉은색, 바륨은 녹색, 구리는 청록색을 띱니다.

화약 대신에 솜뭉치를 태워서 불꽃을 만든 후 철가루를 첨가했다. 철가루에서는 불꽃이 생기지 않고 폭죽이 춤추는 것처럼 보인다.

폭죽은 화약 외에 금속 가루를 태워서 다양한 색과 빛을 만든다.

불꽃을 스트론튬선에 통과시키면 붉은색으로, 구리선에 통과시키면 청록색이 된다. 폭죽은 이처럼 '금속의 불꽃 반응'을 이용하여 색을 만든다.

Experiment 5 철을 태우다

패러데이의 강연 이후, 약 반세기가 지난 뒤에는 철을 매우 가늘게 잘라서 뭉친 강철솜을 사용하게 되었습니다. 작게 떼어내면 태울 수 있고, 불꽃이 나오는지 나오지 않는지를 확인할 수 있습니다.

● 준비물

강철솜, 라이터, 직화가 가능한 내열 용기

수세미로 사용되는 강철솜을 준비.

● 순서

1. 강철솜을 조금 떼어낸다.
2. 불을 붙인다(a).

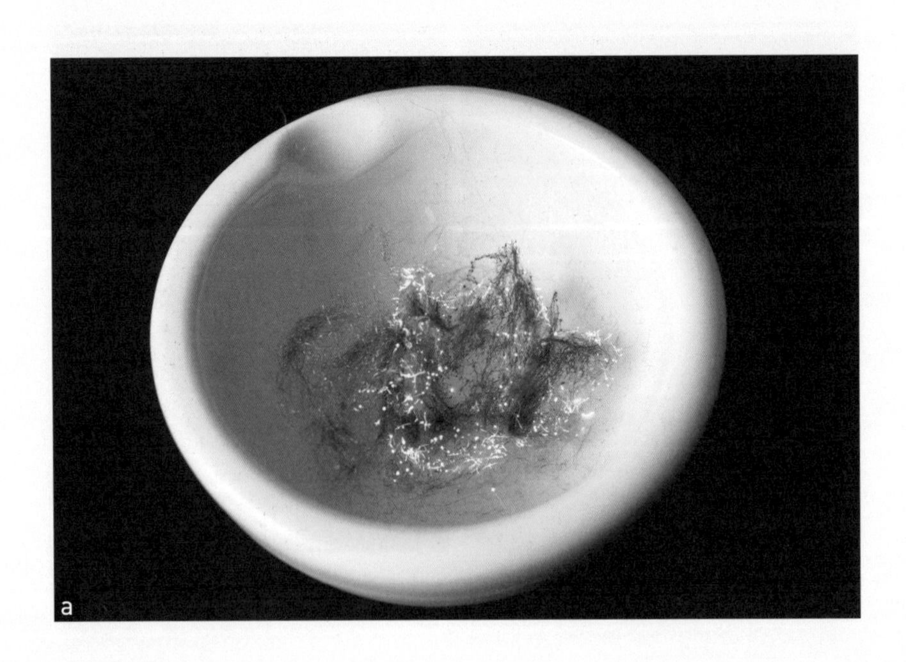

불꽃을 내며 타는 가루

"연소할 때 불꽃을 내는 것과 내지 않는 것이 있는데, 눈으로 이 두 가지를 구별하기 위해서는 매우 예리하고 섬세한 식별력이 필요합니다. 한 가지 예로 여기에 매우 타기 쉬운 가루가 있습니다." 패러데이는 이렇게 말하고 양치류의 포자인 석송자(석송의 홀씨)를 청중에게 보였습니다. 연노란색 가루인 석송자에 불을 붙이자 불꽃을 내며 탁-탁- 하고 탔습니다.

"여러분이 보셨듯이 석송자는 상당히 미세한 가루입니다. 열을 가하면 가루 하나하나에서 증기가 발생하며, 불을 붙이면 불꽃이 피어오릅니다. 실제로 불을 붙여 보면 전체가 하나의 불꽃이 됩니다. 탁-탁- 하는 소리 들리시지요? 이것은 연소가 연속적이지도 규칙적이지도 않다는 증거입니다."

석송자(아래)는 석송(*Lycopodium clavatum*)(위)의 홀씨. 가루가 미세해서 현재에도 농업용 꽃가루 증량제로 사용된다. 센코 하나비(線香花火)* 의 재료로도 이용된다. (사진: istock.com/spline_x)

*역주: 종이를 가늘게 꼬아 만든 끈에 화약을 묻힌 폭죽. 솔잎 모양으로 섬광을 내다가 사그러짐.

석송자는 그대로는 불붙지 않지만 공기 중에 뿌려진 상태에서는 불이 붙습니다. 비슷한 현상은 우리 주변에 고운 입자, 예를 들어 밀가루, 옥수수 녹말, 가루 설탕에서도 발생합니다. 또 석탄 가루에서도 발생합니다 (➜p16). 가루는 부피에 비해 표면적이 상당히 크기 때문에 공기 중에 날리면, 주위에 산소가 많은 상태가 되어 불씨가 있으면 폭발적으로 연소합니다. 1963년에 458명의 희생자를 낸 미쓰이 미이케 미카와三井三池三川 탄광 사고 역시 석탄 가루로 인한 폭발이 원인이었습니다. 현재도 매년 수차례, 소규모의 사고가 발생하고 있습니다.

패러데이는 이야기를 계속했습니다. "자, 그럼 다시 양초 이야기로 돌아가 보겠습니다. 조금 전의 실험에서 양초의 불꽃 중심에 유리관을 꽂아 넣었을 때 초의 증기가 나왔습니다. 이번에는 조금 더 높은 위치, 가장 밝게 빛나는 부분에 유리관을 꽂아 넣어 보겠습니다. 이번에는 검은 물질이 나왔네요. 여기에 불을 붙여 보겠습니다. 꺼져버렸습니다."

이 검은 물질은 무엇일까요? "검은 물질은 양초 안에 존재하는 것과 똑같은 탄소입니다. 이 탄소는 어떻게 해서 양초에서 나오게 되었을까요? 여러분은 런던 시내를 검은 그을음이 되어 날아다니는 물질이 불꽃에 아름다움과 생명을 줄 뿐만 아니라, 이 물질이 조금 전 실험한 철가루와 같은 연소 방식으로 양초 안에서 밝게 탄다는 것을 믿을 수 있겠습니까?"

"철가루는 밝게 탔습니다. 철가루처럼 물질이 증기 상태가 되지 않고 탈 때는 상당히 강한 빛이 나옵니다. 물질은 고체 상태에서 가열되면 매우 밝게 빛을 냅니다. 양초에도 고체의 가루가 있기 때문에 불꽃이 밝게 빛나는 것입니다." 양초가 밝게 타는 것도 고체의 탄소가 있기 때문이라는 것을 알았습니다.

패러데이 시대에는 양초보다 밝은 광원으로 수소와 산소, 석회를 사용하

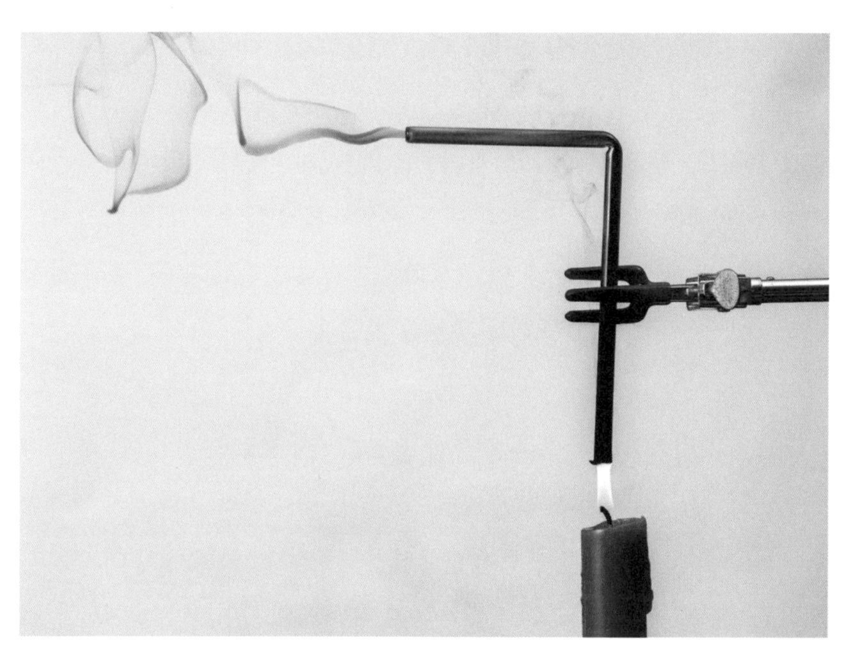

불꽃 끝에 유리관을 꽂아 넣으면 곧바로 유리관 내부가 까맣게 변하면서 안에서 검은 연기가 나온다.

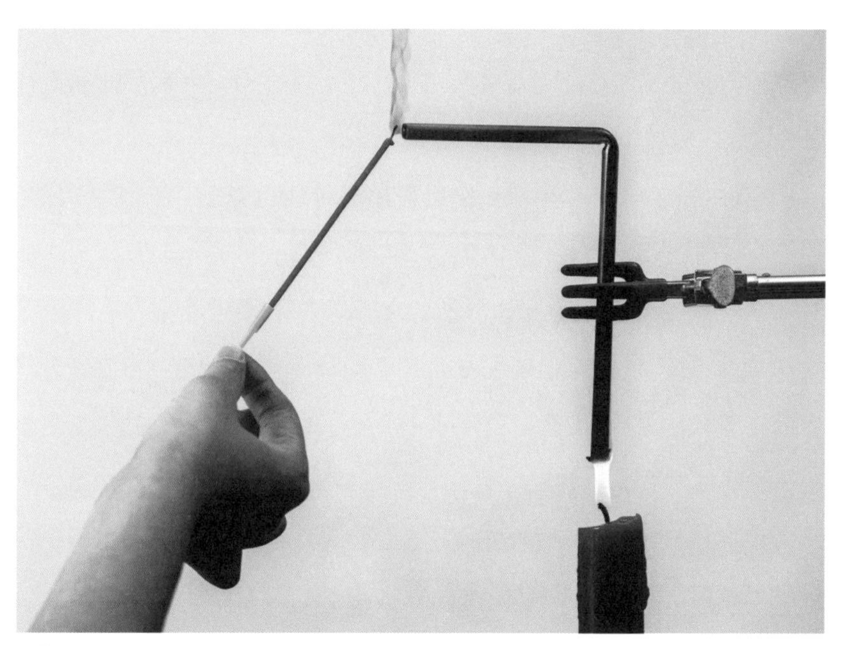

배출된 검은 연기에 양초를 가까이 대자 불이 꺼졌다.

여 매우 강한 백색광을 얻는 '라임라이트(석회광)'가 있었습니다. 이는 무대 조명으로 사용되기도 했습니다.

패러데이는 강연장에서 라임라이트를 밝혔습니다. "산소와 수소를 섞어서 태우면 매우 높은 열을 얻을 수 있습니다. 하지만 빛은 매우 약합니다. 여기에 고체 상태로 있을 수 있는 석회 조각을 넣겠습니다. 자, 보세요. 상당히 강하게 빛이 나지요! 전등 빛보다 밝고 태양 빛과 거의 비슷한 밝기입니다."

다음에 패러데이는 탄소인 숯 조각을 청중에게 보였습니다. "이 숯 조각은 양초 성분으로 탈 때와 같은 방법으로 빛을 냅니다. 양초의 불꽃 열기는 양초의 증기를 분해하여 탄소 입자를 방출합니다. 불꽃 속에서 이 탄소가 빛나고 있는 것입니다. 그리고 공기 중으로 나가는 것입니다. 하지만 탄소 입자는 타고 나면 다른 물질이 되어 양초에서 빠져나갑니다. 눈에 보이지 않는 물질이 되어 공기 중에 흩어져 가는 거지요. 이렇게 차례대로 일이 진행되고 숯처럼 지저분한 물질이 백열광을 발한다는 사실이 너무나 멋지지 않습니까?"

패러데이는 지금까지의 내용을 다음과 같이 정리했습니다. "밝은 불꽃은 모두 이렇게 고체 입자를 그 안에 포함하고 있습니다." 그리고 "연소하여 고체를 생성하는 것은 양초처럼 연소 도중이나, 화약과 철가루처럼 연소 직후에 밝고 아름다운 빛을 낸다는 사실을 알게 되었습니다." 그리고 인이나 염소산 포타슘, 황화 안티모니와 같은 물질을 태워서 밝은 불꽃을 청중에게 보여주었습니다.

패러데이에게는 찰스 앤더슨이라는 실험 조수가 있었습니다. 앤더슨은 육군 포병대의 퇴역군인으로, 매우 인내심 있고 패러데이에게 충실한 사람이었습니다. 패러데이는 앤더슨을 신뢰하였으며 그에게만 새로운 실험

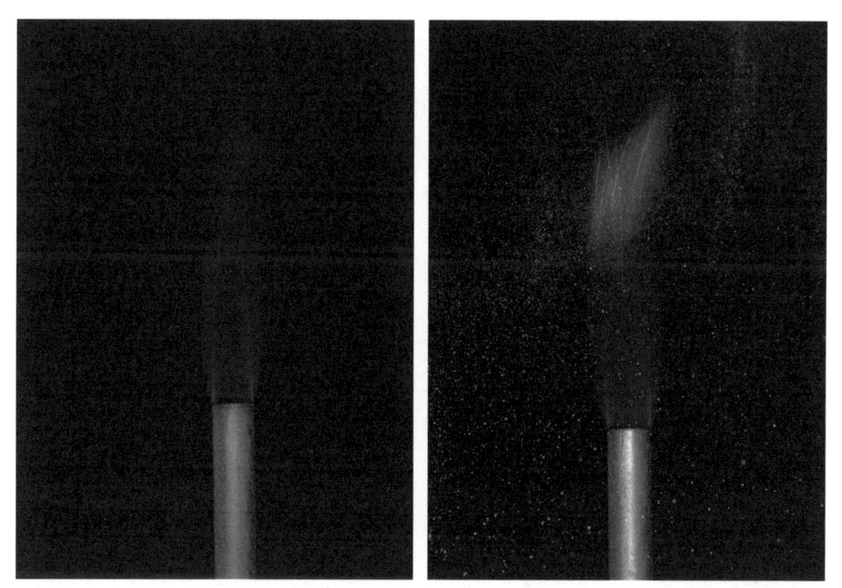

산소 · 수소 불꽃 대신 가스버너로 만든 불꽃에 석회 가루를 넣었다. 파랗고 어두웠던 불꽃이 밝게 빛난다.

을 돕도록 했습니다.

"자, 여기에 앤더슨 씨가 화로에 넣어 충분히 달구어 놓은 **도가니**가 있습니다. 이 안에 아연 가루를 조금 넣어 보겠습니다. 양초와 같이 아름답게 타는 것이 보이지요. 뭉게뭉게 타오르는 연기가 생겼네요. 또 양털 구름 같은 것이 생겼습니다. 여러분이 있는 자리까지 이 구름이 날아가고 있지요. 이것이 **현자의 양털** *the old philosophic wool* 이라 불리는 것입니다. 아연은 연소하면 이처럼 흰색 물질이 됩니다."

패러데이는 이번에는 수소 가스를 사용하면서 아연 조각을 태워 보여주었습니다. 역시 강한 빛이 나왔습니다. 그리고 아연에서 생긴 흰색 물질을 수소 불꽃에 넣었습니다. "자, 아름답게 빛이 납니다. 흰색 물질이 고체이기 때문입니다."

"양초가 연소한 결과, 어떤 물질이 새로 생겼는지는 여러분이 보시는 바

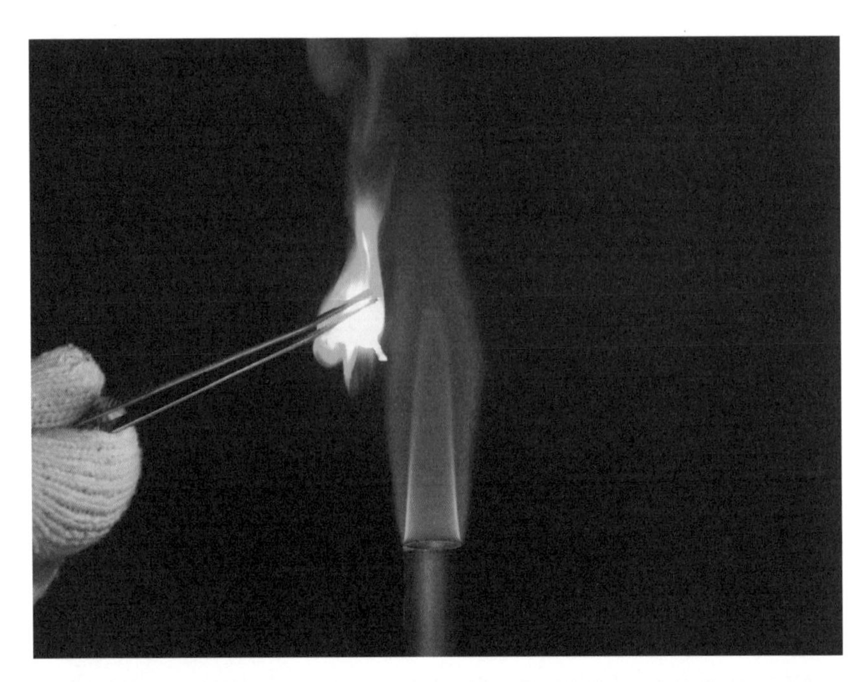

가스버너(도가니와 수소 대신)를 사용하여 아연 가루를 태웠다. 매우 밝은 청백색의 불꽃이 피어오르며 흰색 연기가 나온다.

와 같습니다. 그 일부는 탄소지만 그것이 타면 다른 물질이 생기고 공기 중으로 흩어져 갑니다. 얼마만큼의 물질이 공기 중으로 날아갔는지를 살펴보기로 하겠습니다."

이를 위하여 패러데이는 작은 열기구(열기 풍선)를 가지고 왔습니다. 오늘날에도 열기구를 하늘에 띄우는 축제가 세계 각지에서 열리고 있습니다. 열기구 아래쪽에서 불을 피워 안의 공기를 데워서 주위의 공기보다 가볍게 하여 띄우는 구조입니다. 패러데이가 살던 시대에도 비슷한 놀이 기구가 있었던 모양입니다. "여기에 아이들이 **열기 풍선**이라 부르는 것을 준비했습니다. 이 열기 풍선을 사용해서 연소로 생기는 **눈에 보이지 않는 물질**을 측정해 보겠습니다."

패러데이는 연료가 될 알코올이 담긴 접시 위에 연소 때 나오는 물질을 모을 수 있도록 연통을 씌웠습니다. 조수 앤더슨 씨가 알코올에 불을 붙였습니다(다음 페이지 참조). "연통 꼭대기에 모인 것은 양초의 연소로 얻어진 것과 똑같은 물질입니다. 다만 알코올이 연료이므로 빛이 나는 불꽃을 얻지 못합니다. 탄소가 조금밖에 함유되지 않은 알코올을 연료로 사용했기 때문입니다. 자, 그러면 여기서 열기 풍선을 씌워 보겠습니다."

열기 풍선은 점점 부풀어 오르기 시작하면서 위로 올라갔습니다. "양초의 연소로 생긴 것과 동일한 물질이 연통 안을 통과하여 열기 풍선에 모였습니다. 이번에는 양초에 병을 씌워 보겠습니다. 병 속이 흐려지면서 불꽃이 약해지기 시작했습니다. 타면서 나온 것이 빛을 약하게 한 것입니다. 집에 돌아가시면 차가운 스푼을 양초 불꽃에 올리고 살펴보세요. 이 병이 흐려지는 것과 마찬가지로 스푼도 흐려집니다. 흐려지게 한 원인이 물이라는 것을 미리 말씀드리며 오늘은 이만 마치겠습니다."

● 두 번째 강연에서 배운 물질의 흐름

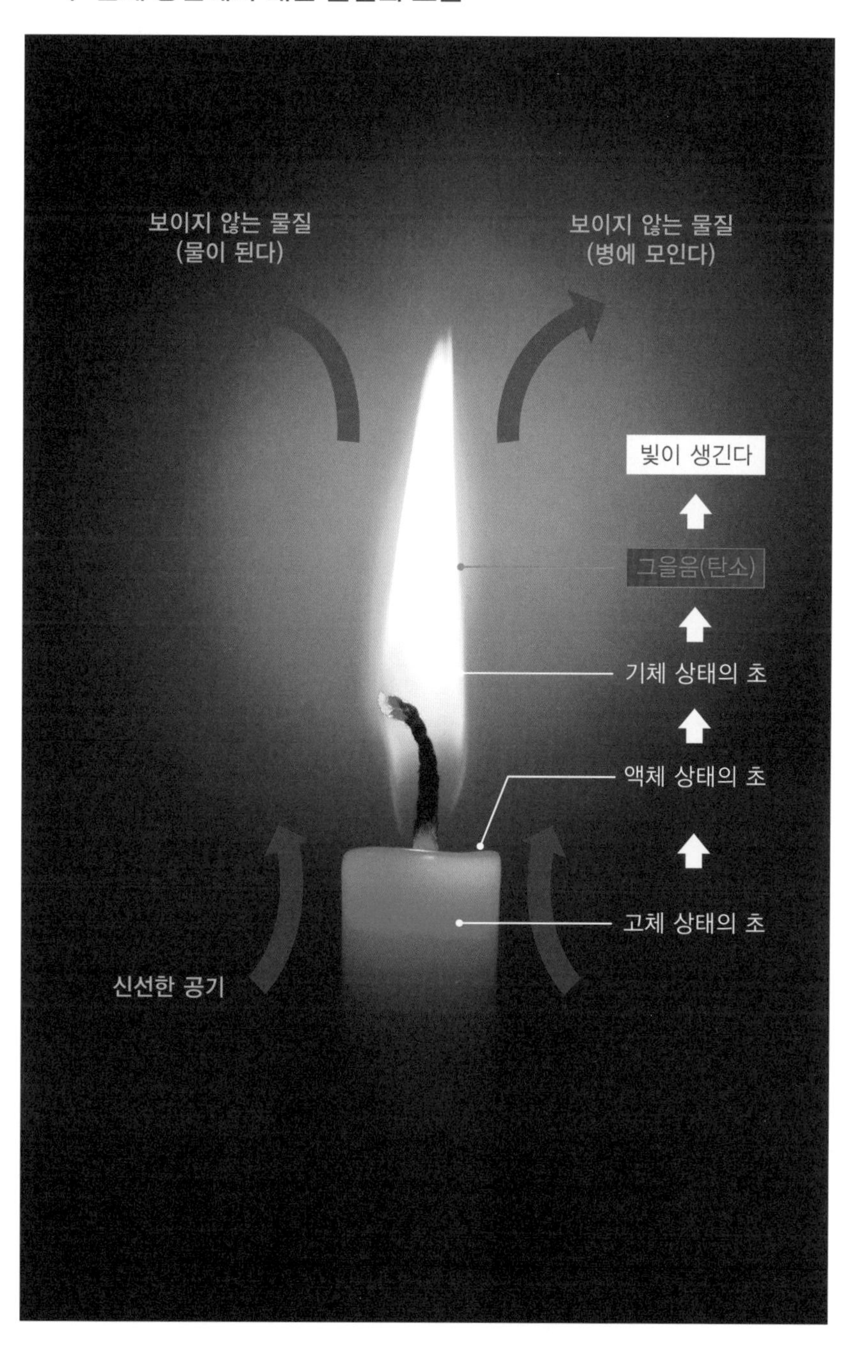

Note 2 크리스마스 강연

영국 왕립 연구소의 크리스마스 강연은 1825년에 패러데이가 시작한 이래 제2차 세계대전 때를 제외하고 매년 개최되고 있습니다. 영국의 텔레비전 방송으로도 중계될 정도로 인기 있는 이벤트입니다. 최근에는 유튜브의 'The Royal Institution' 채널에서도 시청할 수 있습니다. 패러데이는 1827~1860년 사이에 19차례나 강사로 활약했습니다. 그가 이야기한 주제는 화학이나 전기를 중심으로 다방면에 걸쳐 있으며, 그중에서도 특히 널리 알려진 것이 양초를 이용한 강연입니다.

크리스마스 강연의 취지에 대해서 1933년에 강연한 제임스 진스*James Jeans*는 그의 저서에서 다음과 같이 이야기했습니다. "1세기 이상에 걸쳐, 왕립 연구소는 저명한 과학자를 초빙하여 **젊은 청중을 대상으로** 강연회를 열어 왔다. 실제로 이러한 **젊은 청중을 대상으로** 한 의미는 연령이 8세부터 80세 이하까지, 과학 지식으로 말하면 8세 이상의 아이들부터 과학적 성과를 이룬 교수와 존경받는 학사원 회원까지, 열의 있는 사람들과 비판적인 사람들 모두를 포함한 것이다."

그렇습니다. 크리스마스 강연은 과학에 흥미가 있는 모든 사람들을 위한 것이었습니다.

세 번째 강연

연소할 때 생기는 물

PRODUCTS_생성물

WATER FROM THE COMBUSTION_연소에서 나온 물

NATURE OF WATER_물의 성질

A COMPOUND_화합물

HYDROGEN_수소

양초에서 생성되는 것 

지난 시간의 실험을 되돌아보면서 세 번째 강연이 시작되었습니다.

"양초가 연소할 때 여러 가지 물질이 생성된다는 것을 이해하셨으리라 생각합니다. 지난 시간 마지막 실험에서 살펴본 것처럼 양초의 불꽃에서 나온 상승 기류 속의 한 성분은 차가운 스푼이나 접시에 닿아서 응결(액화)하였습니다. 그리고 응결되지 않은 다른 성분은 열기구로 모였습니다."

"우선 응결된 쪽 성분은 흥미롭게도 물, 바로 물입니다. 지난 시간에 저는 병이나 스푼이 흐려지는 것이 물 때문이라고 이야기했습니다. 오늘은 이 **물**에 주목하여 양초와의 관계를 살펴보고자 합니다."

그리고 패러데이는 어떤 금속을 꺼냈습니다. "이 금속은 험프리 데이비 경이 발견한 물질로 물과 격렬하게 반응합니다. 이것을 사용하여 물이 있는지 없는지 여부를 살펴보려고 합니다. 여기 보시는 작은 포타슘 조각을 물이 들어 있는 용기 안에 넣어 보겠습니다." 포타슘은 짙은 보랏빛 불꽃을 내며 타면서 물 위를 여기저기 돌아다녔습니다.

"여기에 얼음과 소금을 넣은 그릇이 있는데 아래쪽에서는 양초가 타고 있습니다. 물방울이 생겨서 그릇 밑바닥에 붙어 있네요. 이 물방울을 포타슘과 합쳐 보겠습니다. 자! 똑같이 불이 붙습니다. 이 물은 양초에서 만들어진 것입니다." 포타슘은 반응성이 커서 자연계에서는 홑원소 물질(단체)로 존재하지 않습니다. 19세기 초, 데이비가 수산화 포타슘을 전기 분해하여 결정으로 추출하는 데 성공했습니다. 참고로 포타슘이라는 이름은 아라비아어 '식물의 재'라는 말에서 유래했습니다.

포타슘은 공기 중의 수증기와 반응하여 자연 발화한다. 때문에 비활성 가스나 무수(물이 없는) 석유 속에 보관한다. 무른 금속이며 칼로 쉽게 자를 수 있다.

물속에 포타슘을 넣으면 짙은 보라색 불꽃을 내며 수면을 움직이면서 돌아다닌다. 포타슘은 물과 매우 격렬하게 반응하기 때문에 물이 있는지 없는지를 살펴볼 때 사용된다.

같은 '물'

패러데이는 물에 관한 이야기를 계속합니다.

"가스나 알코올을 태워서 만든 물은 강이나 바닷물을 증류시켜 얻은 물과 똑같습니다. 물은 어떤 상태에서도 **물**입니다. 우리는 물에 무엇을 섞거나 섞여진 것에서 물만 제거하여 다른 물질을 분리할 수 있습니다. 물은 고체나 액체, 기체가 될 수도 있지만 언제나 같은 성질의 **물**임에는 변함이 없습니다."

강이나 바닷물은 말할 필요도 없이 수돗물에도 칼슘이나 마그네슘 등이 녹아 있습니다. 이러한 물을 가열하여 나온 수증기를 식히면 순수한 물을 얻을 수 있습니다(➔p69 그림과 p75 사진). 이것이 증류수인데 연소에 의해서 생긴 물과 똑같다고 패러데이는 말했습니다.

그리고 물이 들어 있는 병을 집어 들었습니다. "이 물은 석유램프를 태워서 만든 물입니다. 1파인트(약 568ml)의 기름을 완전히 태우면 1파인트 이상의 물이 생깁니다. 이것은 양초를 천천히 태워서 얻은 물입니다. 이처럼 가연성 물질의 경우 양초처럼 불꽃을 내면서 타는 것은 모두 물이 생긴다는 것을 알 수 있습니다."

패러데이는 청중이 직접 할 수 있는 실험으로 차가운 부지깽이나 금속제의 스푼, 국자를 양초 위에 덮어 물방울을 얻는 실험을 권했습니다. 내열성의 유리컵도 가능합니다. 타는 양초 위에 컵을 거꾸로 하여 씌워 보면 컵 안쪽에 김이 서릴 것입니다. 이것은 양초의 연소로 물이 생겼기 때문입니다.

● 증류 방법의 예

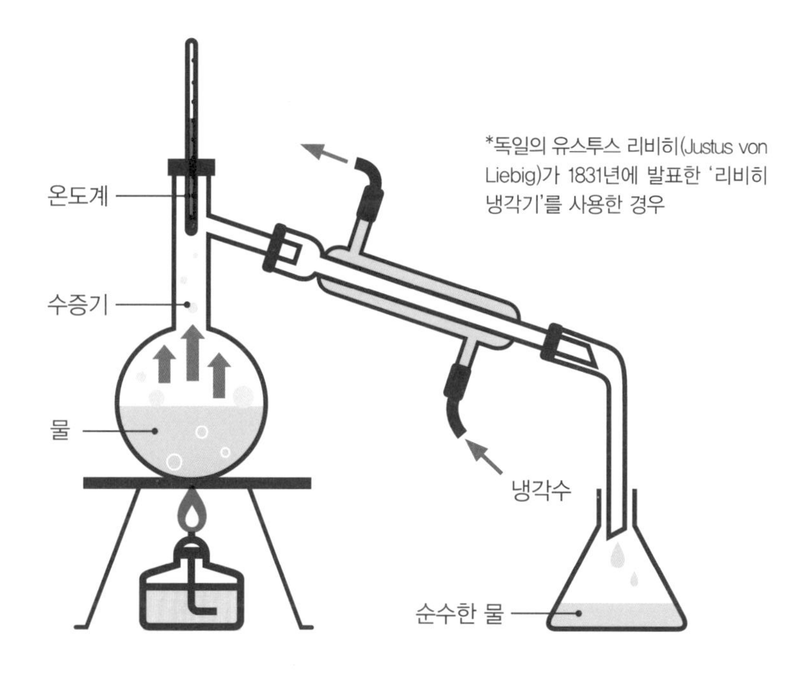

내열성의 유리컵을 거꾸로 하여 양초 위에 씌우면 컵 안쪽에 김이 서린다.

연소 물질에서 생기는 물

"불꽃을 내면서 연소하면 물이 생긴다." 잘 생각해 보면 놀라운 이야기죠. 패러데이는 강연을 계속 이어갑니다.

"물은 여러 가지 상태로 존재한다는 것을 말해둘 필요가 있습니다. 여러분은 물이 고체, 액체, 기체가 된다는 것을 이미 잘 알고 계시겠지만, 조금 더 주의를 기울여 주시기 바랍니다. 그리스 신화에서 자신의 모습을 계속 바꾸는 프로테우스처럼 물 역시 다양한 모습으로 변신합니다. 하지만 양초가 연소해서 생긴 물이나 강이나 바다에서 떠온 물이나 물질로서는 똑같은 **물**입니다."

"물은 가장 차가울 때 얼음이 됩니다. 우리 과학자들—여러분과 저 자신을 모두 과학자라고 말하고 싶습니다—이 **물**이라고 말할 때는 고체든 액체든 기체든 어떤 상태로 있든 화학적으로는 같은 **물**입니다."라고 패러데이는 거듭 강조하고 물이 무엇으로 이루어져 있는지에 대해서 설명했습니다.

바다의 신 프로테우스. 다양한 모습으로 변신이 가능해서 붙잡을 수 없다고 전해진다.

"물은 두 가지 물질이 화합한 것입니다. 그중 하나는 이미 우리가 양초 안에서 꺼냈던 것이고, 또 다른 하나는 어디에나 있는 것입니다. 물은 얼음이 될 때도 있습니다. 최근 이것에 대해서 알 수 있는 절호의 기회가 있었는데요. 얼음은 물로 돌아갑니다. 그 변화 덕분에 지난주 일요일 우리는 큰일을 겪었습니다. 기온이 올라가 얼음이 물로 녹는 바람에 큰 소동이 일어났지 않았습니까? 그리고 물은 오래 가열하면 수증기가 됩니다."

패러데이가 말한 '지난주 일요일에 있었던 일'이 어떤 일이었는지는 기상 데이터가 남아 있지 않아서 알 수 없지만, 기온이 낮아져서 얼었던 물이

고체 · 액체 · 기체의 물. 다양한 모양을 갖는다.

따뜻한 날씨에 한꺼번에 녹아 피해가 발생했을지도 모르겠습니다.

"여기에 있는 액체의 물은 밀도가 가장 큰 상태입니다. 물은 상태에 따라서 모양과 무게가 다릅니다. 냉각시켜서 얼음이 된 물, 가열해서 수증기가 된 물은 액체인 물보다도 부피가 증가합니다. 얼음이 되면 아주 단단해지고 강해지며, 수증기가 되면 매우 커지면서도 놀라울 정도로 부피가 늘어납니다."

여기서 패러데이는 얼음과 소금을 넣은 그릇과 철로 된 병을 준비했습니다.

"자, 물을 얼음으로 만들어 보겠습니다. 소금과 잘게 부순 얼음을 섞어서 접시에 담고, 그 안에 병을 넣습니다. 철로 만들어진 튼튼한 용기입니다. 두께는 1/3인치(약 8.5mm)보다 조금 큰데요. 이 안에 물을 가득 넣고 뚜껑을 잘 닫습니다. 철로 된 튼튼한 병이지만 안의 물이 얼면 철은 얼음을

소금을 섞은 얼음을 철제 병 전체가 잠기도록 덮어서 병 안의 물을 얼린다. 패러데이가 사용한 철제 병은 병 안의 물이 얼음이 되어 부피가 늘어나는 것을 감당하지 못하고 깨져 버렸다.

담아내지 못하고 내부가 팽창하여 병이 깨집니다. 잠깐만 기다려 보겠습니다."

패러데이는 물이 얼기를 기다리면서 또 다른 실험을 했습니다. 물이 끓고 있는 유리 플라스크에 시계 접시로 뚜껑을 덮었습니다.

"무슨 일이 일어나고 있을까요? 끓고 있는 물에서 올라온 증기가 시계 접시를 계속 달가닥달가닥 흔들고, 플라스크 전체가 수증기로 가득 차 있는 것이 보이지요. 그렇지 않으면 수증기가 밖으로 빠져 나갈 수 없을 테니까요."

"플라스크 안에는 물보다 훨씬 부피가 큰 것이 있다는 것을 알 수 있습니다. 그것이 계속 생겨서 플라스크를 가득 채우고 넘쳐 공기 중으로 빠져나갑니다. 하지만 플라스크 안의 물의 양은 별로 줄어든 것처럼 보이지 않습니다. 이것은 물이 수증기가 될 때 부피 변화가 상당히 크다는 것을 보여줍니다."

플라스크에 물을 넣고 시계 접시로 뚜껑을 닫아 가열한다. 끓으면 시계 접시가 달가닥달가닥 소리를 내면서 흔들거리기 시작한다. 수증기가 바깥으로 나오고 있는 것을 알 수 있다.

물에 뜨는 얼음 

"얼음이 물에 뜬다는 사실을 여러분은 잘 알고 있지요." 같은 '물'인데 얼음이 물에 뜨는 것은 왜 그런 것일까요? 패러데이는 이야기를 계속했습니다.

"과학적으로 한번 생각해 볼까요? 얼음은 얼음이 되기 전의 물보다 부피가 커집니다. 그래서 얼음은 같은 부피의 물보다 가볍고, 물은 같은 부피의 얼음보다 무거운 것입니다."

대부분의 물질은 액체에서 고체가 되면 부피가 작아지지만 물은 반대로 커집니다. 이처럼 주변에서 흔히 볼 수 있는 신기한 물은 패러데이가 앞으로 밝힐 두 종류의 물질로 되어 있습니다. 그리고 현대에는 두 종류로 구성된 입자, 즉 분자가 많이 모여서 물이 생긴다는 것도 잘 알려져 있습니다.

똑같은 물이지만 고체인 얼음은 액체의 물에 뜬다. 같은 부피일 경우에 얼음은 액체의 물보다 가볍다.

물 분자는 액체일 때는 연결되어 움직이며 고체일 때는 틈새가 많은 구조로 단단하게 결합하여 움직이지 않습니다(➜p77 그림). 때문에 다른 많은 물질과 달리 액체보다 고체의 부피가 더 커지는 것입니다.

패러데이는 물이 끓고 있는 양철통 앞에서 다음과 같이 이야기했습니다.
"물에 대한 열의 작용에 대해서 다시 이야기해 보겠습니다. 이 양철통에서 수증기가 뿜어져 나오고 있습니다! 이렇게 많이 나오는 것을 보면 양철통 안이 수증기로 가득 차 있다는 것을 알 수 있습니다."

"가열하여 물을 수증기로 바꾸었으므로, 이번에는 반대로 냉각시켜 수증기를 액체의 물로 되돌려 보겠습니다. 차가운 컵을 가져와서 이 수증기에 씌웁니다. 그러면 바로 물방울이 생깁니다."

여름에 차가운 음료를 담은 컵 주위에 물방울이 생기는 것을 볼 수 있습니다. 이것은 공기 중에 있던 수증기가 차가운 컵 표면에서 물로 변했기 때

양철통에 물을 넣고 가열한다. 물은 끓어서 수증기가 된다. 차가운 컵을 씌우면 수증기가 물방울이 되어 컵에 김이 서린다.

문입니다. 공기 중에는 많은 수증기가 포함되어 있습니다.

실험은 계속되었습니다. "이 실험도 물이 기체에서 액체로 응결된 것을 나타내는 것입니다. 이 변화가 얼마나 정확하게 그리고 완벽하게 진행하는지에 대해서 보여드리고 싶습니다."

패러데이는 양철통을 수증기로 가득 채우고 나서 뚜껑을 닫았습니다. 그리고 바깥쪽에 차가운 물을 끼얹겠다고 했습니다. "양철통 안의 수증기를 차갑게 하여 액체의 물로 만들었을 때 어떤 변화가 일어날까요?"

이렇게 말하고 물을 끼얹자마자 양철통은 찌그러져 버렸습니다.

"만일 뚜껑을 닫은 채 계속 가열했다면 이 양철통은 터져버렸을 것입니다. 하지만 수증기가 물로 돌아가면 양철통은 찌그러집니다. 수증기가 응결하여 안쪽이 진공 상태가 되었기 때문입니다. 이러한 실험을 여러분 앞

양철통 안은 수증기로 가득 차 있다. 뚜껑을 닫은 채로 냉각시키면 수증기는 다시 물로 돌아가고 안쪽이 거의 진공이 되어 양철통이 찌그러진다.

에서 한 것은 물은 어떤 변화를 거쳐도 다른 것으로 변하지 않고 언제나 물은 물이라는 것을 보여드리고 싶었기 때문입니다."

"물이 수증기로 변했을 때 물의 부피는 어느 정도가 될 것이라고 여러분은 생각하십니까? 여기에 정육면체(입방체)가 있습니다. 1세제곱인치의 물은 1세제곱피트의 수증기로 팽창합니다. 반대로 냉각시키면 이 커다란 부피의 수증기가 작은 부피의 물로 변합니다."

1세제곱피트는 약 1,728세제곱인치(약 28,317cm^3)입니다. 물은 수증기가 되면 부피가 1,700배 이상이 되는 것입니다.

그리고 이야기 도중에 조금 전부터 얼리고 있던 철제 병이 깨졌습니다. "자! 철제 병이 깨졌습니다. 병 안에 있던 물은 얼음이 되었습니다. 병의 두께는 1/2인치(약 13mm)에 가까운 데도 얼음의 힘으로 결국 깨지고 말았

● 물의 상태 변화와 분자 구조(현대의 모식도)

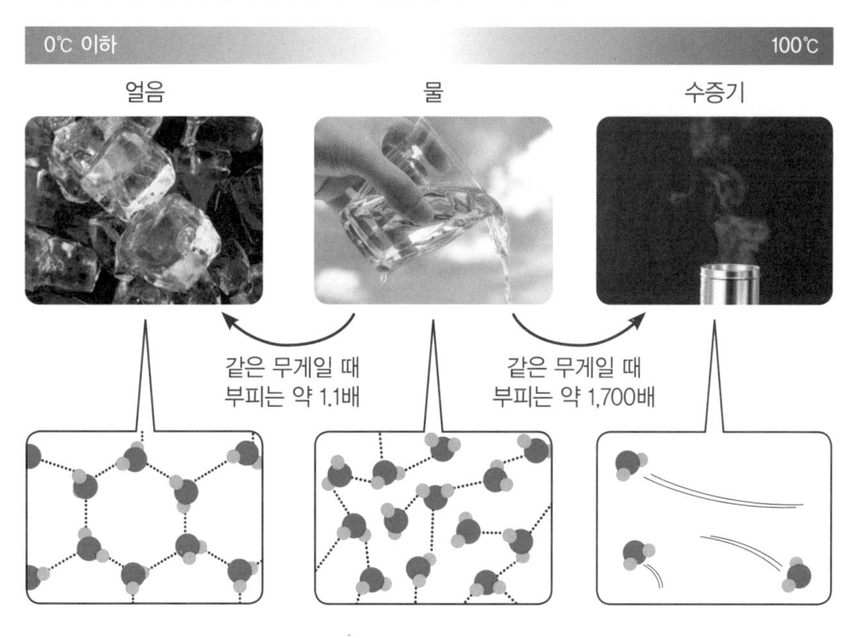

습니다. 물일 때보다도 부피가 커진 얼음을 철제 병이 감당하지 못한 것입니다."

"이런 변화는 물에서 항상 일어나고 있습니다. 원래는 다른 인위적인 수단이 필요하지 않습니다. 제가 여기서 실험상 인위적인 수단을 사용한 것은 자연에서의 길고 너무 추운 겨울 대신 작은 겨울을 이 철제 병 주변에 만들어 보고 싶어서입니다. 만일 여러분이 캐나다나 북극 근처에서 살고 있다면, 집 밖의 낮은 온도가 여기서 본 얼음과 소금의 혼합물이 했던 것과 똑같은 작용을 하는 것을 볼 수 있었겠지요."

물이 얼음이 되면 부피는 10% 정도 증가합니다. 두꺼운 철제 병 안에 있었던 물은 얼음이 되어 부피가 증가했고, 팽창하지 않는 병을 깨뜨린 것입니다. 추운 겨울밤 수도관이 동결되어 파열하는 것도 같은 이유입니다.

추운 지방에서는 수도관이 얼어서 파열되는 경우가 있다. 수도관 안의 물이 얼음이 되면 부피가 커지는데 이 때문에 수도관이 파열한다. (사진: istock.com/Banks Photos)

Experiment 6 물을 사용해서 알루미늄 캔을 찌그러뜨리다

물의 부피 변화를 실감하는 실험은 알루미늄 음료수 캔을 사용하면 쉽게 할 수 있습니다. 텔레비전 등에서 본 적이 있는 분도 계실지 모르겠습니다. 하지만 자신의 눈앞에서 실제로 일어나면 더 새롭고 놀라울 것입니다.

● 준비물

뚜껑을 돌려서 닫는 알루미늄 음료수 캔, 주전자, 작업용 장갑, 물(끓인 물과 차가운 물) 등

● 순서

1. 주전자에 물을 넣고 끓인다.
2. 작업용 장갑을 낀 후 알루미늄 캔을 잡고 주전자 입구에서 나오는 수증기를 캔 안에 담는다(a).
3. 바로 뚜껑을 닫는다.
4. 차가운 물을 붓는다(b).

* 수증기를 차갑게 하면 물로 돌아갑니다. 수증기와 물의 부피 비율은 1,700:1이기 때문에 용기 안이 진공 상태에 가까워지면서 주위의 대기압에 의해서 캔이 찌그러집니다.

a

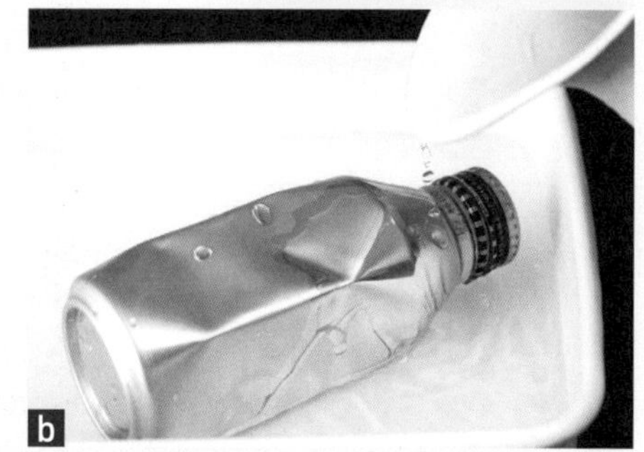
b

물과의 반응 

철제 병이 깨지는 실험과 양철통이 찌그러지는 실험 등 큰 소리가 나는 실험이 계속되었습니다. 패러데이는 여기서 화제를 바꾸었습니다.

"그럼, 다시 조용한 과학으로 되돌아가 보겠습니다. 양초에서 생긴 이 물은 어디서 온 것일까요? 물은 원래 양초 속에 있던 것일까요? 아닙니다. 물은 양초 속에 없었으며 양초를 태우는 데 필요한 공기 속에 있지도 않았습니다. 일부는 양초 속에 다른 일부는 공기 중에 있었으며, 둘의 상호작용으로 물이 생긴 것입니다."

"지금 이 책상 위에서 타고 있는 양초의 과학을 완전하게 이해하기 위해서 우리는 물이 어디에서 왔는지를 좀 더 알아보아야 합니다. 어떻게 하면 될까요? 저는 여러 가지 방법을 이미 알고 있습니다. 하지만 제가 이제까지 이야기한 것을 떠올려 그것을 조합해 가면서 여러분 스스로 꼭 생각해

타고 있는 양초. 불꽃에서 나오는 물은 어디에서 왔을까?

보시길 바랍니다."

패러데이는 청중이 강연을 듣기만 하기보다는 과학적인 생각을 몸에 익히기를 원했습니다. 단지 호기심으로 강연을 들으러 온 청중에게도 과학의 재미를 전달하고 싶어 했다고 합니다.

"우리는 조금 전에 험프리 데이비 경이 했던 것과 똑같은 방법으로 포타슘이 물과 반응하는 것을 확인했습니다. 다시 한번 같은 실험을 해 보겠습니다. 포타슘은 매우 주의해서 취급해야 합니다." 이렇게 말하고 패러데이는 작은 포타슘 조각을 물에 넣었습니다.

"보시는 바와 같이 포타슘 조각은 공기 대신 물을 사용하여 연소하면서 물 위를 떠다닙니다. 철 조각을 물에 넣어도 변화가 일어납니다. 하지만 철 조각은 포타슘처럼 격렬하게 변화하지 않고 천천히 녹슬어 갑니다. 철 조각도 물과 반응하는 것입니다. 여러분은 이 사실을 잘 기억하시기 바랍니다."

패러데이는 계속했습니다. "우리는 여러 가지 물질의 작용을 변화시키

철 조각 대신 강철솜을 물에 넣어 두면 물과 반응하여 녹이 슬어 적갈색이 된다.

는 방법과 우리가 알고 싶어 하는 것을 물질 스스로가 말하도록 하는 방법을 배워봤습니다. 이번에는 철을 살펴보겠습니다. 모든 화학 반응은 열의 작용에 의해서 촉진됩니다. 물질끼리의 상호작용을 자세히, 그리고 주의 깊게 살펴보기 위해서는 열의 작용에 주의를 기울이지 않으면 안 됩니다."

철을 물속에 넣고 상온에 놓아두면 붉은색으로 녹이 슬어 너덜너덜해집니다. 이러한 화학 반응은 온도가 높으면 빠르게 진행됩니다. 반응 결과 생성되는 물질도 달라질 수 있습니다. 고온에서 철과 물이 반응하면 어떻게 될까요? 패러데이는 계속했습니다.

"철 스스로가 매우 훌륭하고 질서 정연하게, 그리고 조리 있게 이야기를 들려줄 것입니다. 따라서 여러분들도 틀림없이 만족하실 것입니다."

철은 예로부터 우리 인간에게 특별한 존재입니다. 현재도 '금속의 왕'으로 불릴 정도이며, 철이 없다면 지금의 우리 생활은 없었을 것입니다. 철은 철광석에서 얻어지는데 패러데이가 살았던 시대의 영국은 제철업이 가장 발달한 국가였습니다. 1709년에 석탄을 구워 만든 코크스를 연료로 이용한 제철법이 생기고, 이후에 증기 기관이 등장하면서 기술이 더욱 발전했습니다. 그리고 19세기에 들어서 더욱 효율적인 장치와 방법이 고안되어 산업 혁명을 앞당기는 견인 역할을 톡톡히 하였습니다. 당시 사람들에게 있어서 철은 새로운 시대와 발전을 상징하는 것들 중 하나였습니다.

그런 철이 물과 만났을 때 '철 자신에게 일어나는 변화를 우리에게 이야기해 주고 싶어 한다.'라는 시적인 표현으로 패러데이는 청중의 관심을 사로잡았습니다. 그리고 준비한 것이 다음과 같은 커다란 실험 장치였습니다.

철은 강도, 구입, 가공하기 쉬운 장점 등을 가지며 용도도 넓다. 사진은 영국의 세번강(River Severn)의 아이언 브리지로, 1781년에 개통한 세계 최초의 철교이다. (사진: Roantrum)

필립 제임스 드 루테르부르의 '콜브룩데일의 밤 풍경'(1801년). 코크스 용광로를 사용한 영국의 제철 공장이 그려져 있다. (소장: Science Museum)

1850년대에 영국의 헨리 베서머(Henry Bessemer)가 발명한 베서머 전로. 선철에서 규소, 망가니즈, 탄소 등을 제거하는 구조로 철의 대량 공급을 가능하게 했다. (사진: Holger.Ellgaard)

철이 들려주는 이야기

난로 앞에서 패러데이는 이야기를 시작했습니다. "이 난로에는 철로 만든 파이프가 통과하고 있습니다. 이 파이프 속에는 반짝이는 철 부스러기를 채워 넣었고, 파이프를 달구기 위해 난로 속에 걸쳐 놓았습니다. 파이프 속의 철 부스러기에 공기를 불어 넣는 것도 가능하며, 파이프 끝에 장착한 보일러에서 수증기를 보내는 것도 가능합니다. 파이프에 수증기를 보내기 전까지 마개를 잘 닫아 두겠습니다. 반대쪽 파이프 끝은 물이 담긴 수조 안에 있습니다. 여러분이 잘 볼 수 있도록 물에는 파란색 물감을 풀어 놓았습니다."

패러데이는 조금 전 실험에서 찌그러졌던 양철통을 손에 들고 이야기를 계속했습니다. "자, 수증기가 이 파이프를 통과하면 반대쪽 수조 근처에서 응결될 것입니다. 수증기는 차가워지면 기체 상태를 유지할 수 없기 때문입니다. 이 양철통처럼 (수증기가 응결하면) 부피가 감소하고 찌그러지는 것이죠. 만일 파이프가 차갑다면 수증기는 파이프 안에서 응결해버릴 것입니다. 그래서 이번 실험에서는 철 파이프를 뜨겁게 달구고 있는 것입니다."

"이제 이 파이프에 조금씩 수증기를 보내 볼까요? 그것이 파이프의 반대쪽 끝으로 나왔을 때 수증기 그대로일지 아닐지, 여러분 스스로 판단해 주세요."

수증기가 들어가는 쪽과 반대편에 있는 파이프는 수조 안에 들어 있습니다. 때문에 파이프 안의 온도도 내려갑니다. "수증기의 온도가 내려가면 물로 돌아갈 것입니다. 하지만 기체가 나오고 있습니다. 유리관에 모인 기체는 철제 파이프를 통과한 후에 물속을 통과하여 온도를 내렸는데도 불구하고 물로 다시 돌아가지 않습니다."

수조에 들어 있는 가는 유리 파이프에서 부글부글 기체가 나오고 유리관으로 모입니다. "또 다른 실험을 이 기체를 대상으로 해 보겠습니다." 이렇게 말한 패러데이는 유리관을 거꾸로 잡은 채, 기체가 빠져나가지 않도록 빼냈습니다.

유리관 입구에 불을 갖다 대자 작은 소리를 내면서 탔습니다. "이것은 수증기가 아니라는 것을 알 수 있습니다. 수증기라면 타지 않고 불을 끄겠지요. 하지만 이 기체는 탔습니다. 이 물질은 양초의 불꽃에서 생긴 물에서도 다른 곳에서 가져온 물에서도 똑같이 얻을 수 있습니다."

"수증기와 반응한 후의 철의 상태는 연소 후의 상태와 매우 닮았습니다. 어떻든 반응 후의 철은 반응 전의 철보다도 무거워져 있습니다. 공기나 수증기를 차단하고 파이프 속의 철을 가열하고 냉각시키면 무게는 변하지 않습니다. 하지만 수증기를 흘려보내면 그 철은 수증기에서 무언가를 빼앗고 나머지를 내놓습니다. 그 나머지가 이 기체입니다."

수증기와 반응한 후의 철은 검게 변했습니다. 철을 상온의 물과 반응시키면 며칠에 걸쳐 녹이 슬지만, 수증기와는 바로 반응하여 검게 녹이 슬게 됩니다.

철이 수증기에서 빼앗은 것은 도대체 무엇이었을까요? 빼앗지 않고 내놓은 것은 타는 기체였습니다.

"또 한 개의 유리관에도 이 기체가 가득 찼으니 재미있는 현상을 보여드리겠습니다. 조금 전에 보신 것처럼 이 기체는 탑니다. 그것을 증명하기 위해서 다시 한번 불을 붙여보려고 합니다. 하지만 여러분에게 한 가지 더 보여드리고 싶은 것이 있습니다. 이 기체는 상당히 가벼운 물질입니다. 수증기라면 응결하지만 이 기체는 응결하지 않고 공기 중에 쉽게 날아올라 갑니다."

● **패러데이 난로를 이용한 실험 구조**

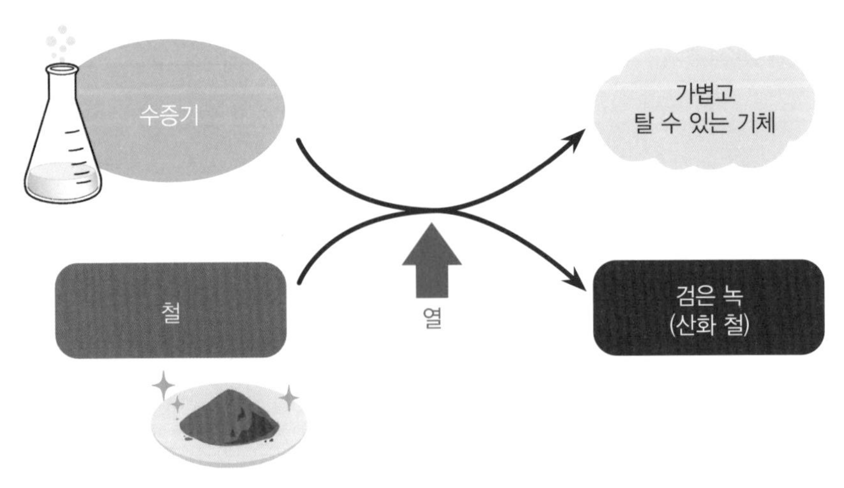

그리고 패러데이는 또 다른 유리관을 사람들에게 보였습니다. 양초를 넣어 공기밖에 들어 있지 않은 것을 보여줍니다.

"자, 조금 전에 이야기한 상당히 가벼운 기체로 공기밖에 들어 있지 않은 유리관을 채워 보겠습니다. 이처럼 두 개의 유리관을 거꾸로 들고 기체가 들어 있는 쪽의 입구를 다른 유리관 입구 아래쪽으로 가져가서 기울입니다."

패러데이는 수증기에서 얻어진 기체가 들어 있는 유리관에 양초를 넣고 그곳에 공기밖에 없다는 것을 확인합니다. 그리고 원래는 공기가 들어 있

두 개의 유리관을 거꾸로 잡고 가연성 기체가 들어 있는 유리관(사진 왼쪽)을 공기가 들어 있는 유리관(사진 오른쪽) 아래로 가져가서 기울인다. 왼쪽 유리관 안에 들어 있는 가벼운 기체는 공기가 들어 있던 오른쪽 유리관으로 이동한다.

던 유리관을 잡고 계속 이야기했습니다. "이쪽에 가연성 기체가 들어 있습니다. 조금 전에 저쪽 관에서 이쪽 유리관으로 이동한 것입니다. 이렇게 관에서 관으로 이동해도 기체의 성질이나 상태, 그리고 독립성은 잃어버리지 않습니다. 이 기체는 양초가 타서 생긴 것 중 하나이기 때문에 우리가 양초의 과학을 이해하는 데 굉장히 중요합니다."

패러데이가 기체를 옮긴 유리관에 불을 가까이 대자 아까와 마찬가지로 탔습니다.

"자, 철에 수증기, 즉 물과 반응시켜서 생긴 이 기체는 조금 전 여러분이 보신 바와 같이 물과 격렬하게 반응하는 포타슘을 사용해도 만들 수 있습니다. 그렇다면 포타슘 대신 아연을 사용하면 과연 어떻게 될까요?"

"아연은 다른 금속처럼 쉽게 물과 반응하지 않습니다. 저는 그 이유에 대해서 자세히 살펴보았습니다. 주된 이유는 물과 반응하면 아연 표면에 일종의 보호막이 생겨버리기 때문이었습니다. 그래서 용기 안에 아연과

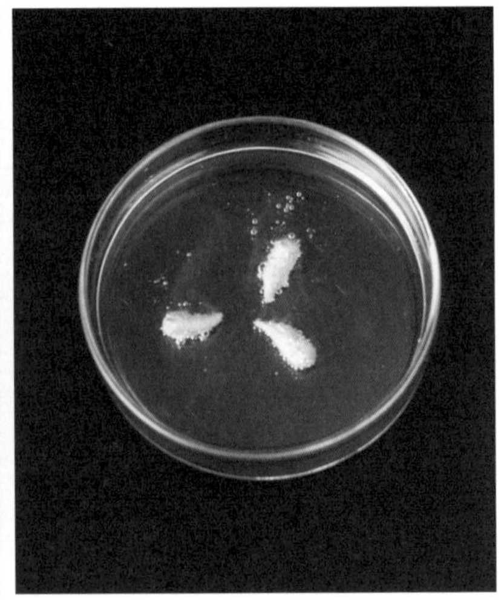

아연은 물에 넣어도 반응하지 않지만 묽은 염산에 넣으면 기포가 발생한다. 염산 때문에 표면에 막이 생기지 않아서 아연이 반응하게 된다.

물만 넣어서는 그다지 반응이 일어나지 않고 아무것도 얻을 수 없다는 것을 알 수 있었습니다. 따라서 방해가 되는 이 막을 녹여 버리겠습니다. 방법은 산을 조금만 사용하면 됩니다. 그렇게 하면 아연은 철과 거의 똑같이 물과 반응합니다."

패러데이가 플라스크에 산과 아연을 넣자 기체가 발생했습니다. 그리고 패러데이는 이 기체를 유리관 안에 모았습니다.

"이 기체는 수증기가 아닙니다. 유리관은 이 기체로 가득 찼습니다. 이 기체는 조금 전에 철제 파이프 실험에서 만든 것과 똑같은 물질입니다. 가연성 물질이며 유리관을 거꾸로 해도 빠져나가지 않습니다. 이 기체는 우리가 물에서 얻은 것이며 양초 속에 들어 있는 것과 똑같은 물질입니다."

타는 기체의 정체 

"이 기체는 수소입니다. 화학에서 **원소**라 부르는 것 중 하나입니다. 원소에서는 원소 이외에는 다른 아무것도 빼낼 수 없습니다. 양초는 원소가 아닙니다. 왜냐하면 양초에서는 탄소를 빼낼 수 있으며 수소 또한 양초에서 생긴 물에서 빼낼 수 있기 때문입니다. 이 기체는 다른 원소와 결합하여 물을 만들기 때문에 **수소**라고 이름 붙여졌습니다."

수소는 1766년에 영국의 헨리 캐번디시*Henry Cavendish, 1731~1810*에 의해서 기체로 단리되었고, 1783년에 프랑스의 앙투안 라부아지에*Antoine Lavoisier, 1743~1794*가 '수소'로 이름 붙였습니다.

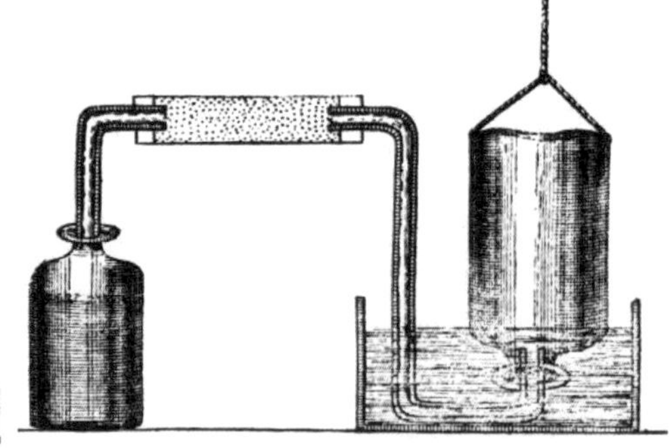

수소를 단리한 헨리 캐번디시(왼쪽)와 그 실험 장치(오른쪽). 그는 사람을 만나는 것을 극도로 기피하여 수많은 큰 발견을 이루었지만 실험 결과를 발표하지 않고 세상을 떠났다.

앙투안 라부아지에는 '근대 화학의 아버지'로 불리는 프랑스의 과학자이다. 세금 징수원이기도 했던 그는 프랑스 혁명 때 단두대에서 처형당했다.

패러데이는 수소가 들어 있는 유리관을 손에 들고 이야기를 계속했습니다.

"그러면 다시 실험을 해 보겠습니다. 청중 여러분들도 직접 실험해 보실 것을 권합니다. 하지만 충분히 주의해서 실험하세요. 주위 사람들의 동의를 얻는 것도 필요합니다. 화학을 배울수록 실험 방법이 잘못되면 사고로 이어지고 위험한 물질을 취급하지 않으면 안 되는 일이 많아집니다. 산이나 열, 타기 쉬운 것을 사용할 때는 주의해서 다루지 않으면 다칠 수 있습니다. 수소는 아연 그리고 황산이나 염산이 있으면 간단히 만들 수 있습니다."

이렇게 말한 패러데이는 작은 유리병을 보여주었습니다. 유리관을 꽂아 통과시킨 코르크 마개로 뚜껑을 막은 것입니다. "여기에 옛날 사람들이 **현자의 등***philosopher's candle*이라 부르던 병을 준비했습니다. 아연을 조금 넣겠습니다. 그리고 각별히 주의하면서 거의 가득, 그러나 완전히 가득 차지는 않도록 물을 넣습니다. 왜 이렇게 할까요? 이미 여러분도 아시다시피 여기서 나오는 기체는 놀랄 만큼 잘 타며, 공기와 혼합하면 상당히 강한 폭발성을 갖습니다. 물의 표면 위에 있는 공기가 전부 빠져나가지 않은 상태에서 관 끝에 불을 갖다 대면 폭발하여 크게 다칠 수 있기 때문입니다."

"자, 황산을 부어 보겠습니다. 아주 적은 양의 아연과 물, 그리고 황산이 들어갔습니다. 황산의 농도를 조정하여 수소가 발생하는 속도를 조절할 수 있습니다."

황산과 물이 섞이면 매우 큰 용해열이 발생합니다. 황산에 물을 부으면 표면 근처에서 물이 끓으며 황산이 사방에 튈 가능성이 있습니다. 따라서 이 두 가지를 섞을 때는 먼저 물을 용기에 넣고, 그다음에 황산을 넣어줄 필요가 있습니다. 패러데이가 아연과 물을 먼저 넣은 것도 이 때문입니다.

패러데이는 '현자의 등'에 불을 붙였습니다. 아주 약한 불꽃이지만 온도는 매우 높습니다. 수소의 연소 온도는 약 3,000℃이고, 양초는 가장 바깥의 높은 온도 부분이 1,400℃ 정도입니다.

"양초는 연소하면 물이 생깁니다. 수소가 연소하면 무엇이 생길지 살펴봅시다." 이렇게 말한 패러데이는 현자의 등 위에 유리관을 씌웠습니다. 그러자 유리관 안쪽에는 물방울이 생겼습니다. 수소가 연소하면 물이 생기는 것입니다.

"수소는 대단한 물질입니다. 공기보다 훨씬 가볍기 때문에 물체를 들어 올릴 수 있습니다. 실제로 여러분에게 보여 드리겠습니다." 이렇게 말하면

수소로 만든 비눗방울은 아주 가벼워서 순식간에 위로 올라간다.

서 패러데이는 수소로 비눗방울을 만들었습니다. 비눗방울은 순식간에 천장까지 올라갔습니다. 다음에는 풍선에 수소를 채우고 공중에 띄웠습니다.

패러데이는 수소가 얼마나 가벼운지에 대해서 수치를 사용해서 설명했습니다. 수소는 1m^{3}당 90g입니다. 공기는 1m^{3}당 1,293g이므로 공기 무게의 1/14밖에 되지 않습니다. 수소의 가벼운 성질을 이용하여 그 당시 수소 기구나 비행선이 만들어졌습니다. 하지만 수소는 폭발하기 쉬운 기체여서 1937년 5월 3일에 독일에서 출발한 비행선 힌덴부르크호가 5월 6일, 미국 동해안 레이크허스트 해군항공기지에 착륙했을 때 갑자기 폭발하여 승무원과 승객 35명, 지상 작업인 1명이 사망하는 사고가 일어났습니다.

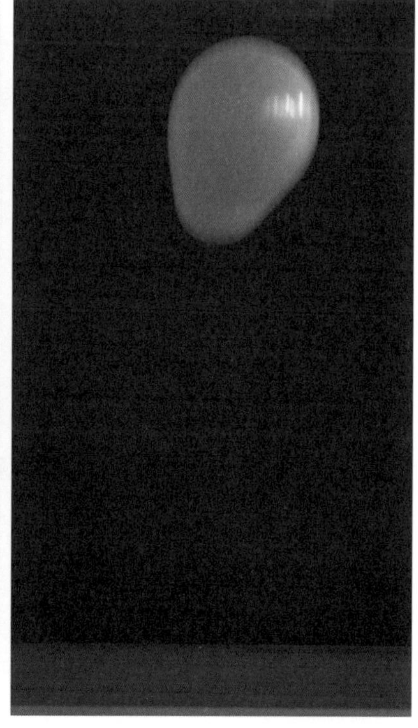

수소를 넣은 풍선 역시 순식간에 위로 올라간다.

화학 에너지

"수소는 연소할 때나 그 후에도 고체가 되는 물질을 생성하지 않습니다. 수소가 타서 생기는 것은 물뿐입니다. 연소의 결과로 물만 생기는 것은 자연계에서 수소뿐이라는 사실을 기억해 주시기 바랍니다. 그러면 물의 일반적인 성질에 대해서 조금 더 살펴보겠습니다."

패러데이는 전지의 양쪽 전극 부근에 철사가 나와 있는 장치를 가지고 이날 강연의 마지막 실험을 했습니다.

철사 끝을 접촉시키면 불꽃이 튑니다. "이 빛은 40장의 아연판이 타는 힘과 맞먹습니다. 이 커다란 힘을 여기 있는 철사를 이용하여 원하는 곳으로 옮길 수 있습니다. 만일 잘못하여 제 몸에 이 힘이 닿는다면 한순간에 저는 죽고 말 것입니다. 여러분이 다섯을 세는 동안 철사 끝에서 나오는 힘을 작용시켜 보겠습니다. 그 힘은 벼락을 몇 번 합친 것에 해당할 만큼 강력합니다."

"다음 시간에는 이 힘 **화학 에너지**가 얼마나 강력한지를 이해하실 수 있도록 철 부스러기를 태워서 보여드리겠습니다. 그리고 화학 에너지를 물에 작용시키면 어떤 결과를 얻을 수 있는지도 볼 수 있을 겁니다."

이렇게 세 번째 강연이 끝났습니다.

● 세 번째 강연에서 배운 두 가지 물질의 특징

물의 특징	수소의 특징
❶ 양초 등의 연소로 생긴다. ❷ 고체와 액체, 기체로 변한다. ❸ 금속과 반응한다. ❹ 수소와 다른 한 종류의 원소로 이루어져 있다.	❶ 물에서 추출할 수 있으며 물에 녹기 어렵다. ❷ 매우 가볍다. ❸ 매우 연소하기 쉬우며 연소했을 때 물만 생긴다.

Note 3 패러데이와 볼타 전지

세 번째 강연 마지막에 패러데이가 실험에 사용한 장치는 볼타 전지였습니다. 이탈리아의 물리학자 알레산드로 볼타*A. Volta, 1745~1827*는 1800년에 아연과 구리를 사용한 볼타 전지를 발명했습니다. 전압의 단위가 '볼트(V)'인 것은 볼타의 이름에서 유래한 것입니다.

볼타 전지는 아연판과 구리판 사이에 전해액이 배어든 두꺼운 종이를 끼우고 겹쳐서 쌓아 전기를 발생시키는 장치입니다(➔p95와 p99 그림). 전해액은 전자가 통하기 쉬운 용액으로, 볼타 전지는 금속에 따라 전자 방출의 용이성이 다른 점을 이용하여 전류를 얻습니다.

아연과 구리일 때는 아연이 전자를 방출하기 쉽고 그 전자가 구리판 쪽으로 흐릅니다. 아연판과 구리판을 겹겹이 많이 쌓으면 흐르는 전자의 양은 많아집니다.

패러데이는 제본소에서 일하면서 독학으로 화학 공부를 했습니다. 볼타 전지에 대해서 알고 있었던 패러데이는 구리 동전과 아연판, 그리고 식염수를 적신 두꺼운 종이를 겹쳐서 직접 볼타 전지를 만들었다고 합니다. 패러데이가 기록으로 남긴 최초의 실험은 직접 만든 볼타 전지를 사용한 '황산 마그네슘 분해'(1812)였습니다.

그 후 험프리 데이비와 함께 이탈리아의 볼타를 방문한 패러데이는 볼타로부터 직접 볼타 전지를 선물 받았습니다. 패러데이는 이 전지를 사용하여 여러 가지 실험을 했습니다. 그만큼 볼타 전지는 패러데이에게 친숙한 도구였습니다.

네 번째 강연

또 하나의 원소

HYDROGEN IN THE CANDLE_양초 속의 수소

BURNS INTO WATER_연소로 생성되는 물

THE OTHER PART OF WATER_물의 또 하나의 성분

OXYGEN_산소

녹아 있는 구리를 추출하다 

크리스마스 강연도 후반으로 접어들었습니다. 패러데이는 유리 용기를 손에 들고 이야기를 시작했습니다.

"여러분은 아직 양초 이야기가 질리지 않으신 것 같습니다. 질리셨다면 이 곳에 오지 않으셨겠지요. 자, 지난 시간에는 양초가 연소할 때 물이 생기는 것에 대해서 배웠습니다. 그리고 실험을 통해 물에는 수소라는 신기한 물질이 있다는 것도 알았습니다. 이 병 속에 들어 있는 것은 수소입니다. 수소는 매우 가볍고 잘 연소하는 기체입니다. 수소가 연소하면 물이 생깁니다."

지난 시간에는 철제 파이프에 철 부스러기를 넣고 가열하여 수증기를 통과시켰습니다. 그리고 반대쪽에서 수소가 나오는 것을 확인했습니다. 수증기 즉, 물은 수소를 포함하고 있습니다.

"오늘은 이미 소개한 대로 화학 에너지를 사용하여 실험해 보려고 합니다."

패러데이는 지난번 강연 때 마지막에 소개한 양쪽 전극 부근에 철사가 나와 있는 장치를 준비했습니다. 볼타 전지입니다.

"저는 이 장치를 이용하여 물을 분해하고 물에는 수소 외에 다른 물질이 더 있는지를 살펴보려고 합니다. 우선 전지, 즉 화학 에너지가 어떻게 작용하는지를 보여드리겠습니다."

"여기에 구리와 질산이 있습니다. 질산은 강한 화학 물질이며, 구리와 격렬하게 반응합니다. 아름다운 붉은색 증기가 나오고 있지요. 이 증기는 마시면 안 됩니다. 플라스크 안의 구리가 분해되어 액체는 푸른색으로 변했습니다. 이 액체 속에는 구리 이외에 다른 물질이 포함되어 있습니다만, 여기에 조금 전의 장치, 볼타 전지를 작용시켜 보겠습니다."

● 볼타 전지의 구조

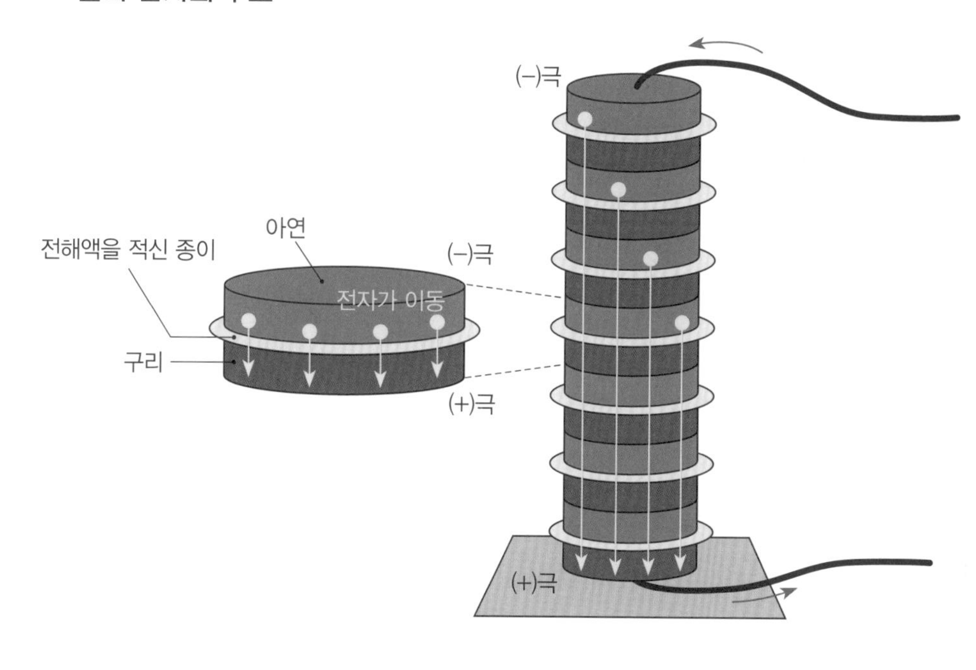

푸른색의 질산 구리 용액. 구리와 질산이 반응하여 생기는 이산화 질소는 호흡기에 나쁜 영향을 끼친다.

"그러면 여기서 구리가 녹아 있는 액체에 백금판을 넣어보겠습니다. 백금판을 넣어서는 아무런 변화도 일어나지 않습니다. 그렇다면 백금판을 전지에 연결해 보겠습니다. 자, 어떻습니까? 이렇게 왼쪽 백금판이 구리로 변한 것이 보이지요. 백금판이 구리로 덮였습니다. 또 다른 오른쪽 백금판은 원래 상태 그대로입니다."

다음에 패러데이는 좌우의 판을 교환했습니다. 구리색이었던 판은 깨끗해지고 깨끗했던 백금판이 구리색이 되었습니다.

"구리가 오른쪽에서 왼쪽으로 이동한 것입니다. 액체 속에 녹아 있던 구리를 전지를 사용하여 추출할 수 있다는 것을 아셨을 겁니다."

이것은 현재도 도금에 사용되는 화학 반응입니다. 백금판에 구리를 도금한 것과 같습니다.

참고로 전류가 흐르는 양과 도금되는 양은 엄밀하게 비례합니다. 이 현상을 명확하게 한 것이 1830년대에 패러데이가 발견한 '전기 분해' 법칙이었습니다. 그 후 영국에서는 전기 도금 기술이 급속하게 발전했습니다.

질산 구리 용액에 스테인리스판(백금판의 대용) 두 장을 넣고 전지를 연결했다.

(−)극의 스테인리스판은 색이 변하고, (+)극의 스테인리스판에는 기포가 생겼다.

● 패러데이의 구리 도금 실험 구조

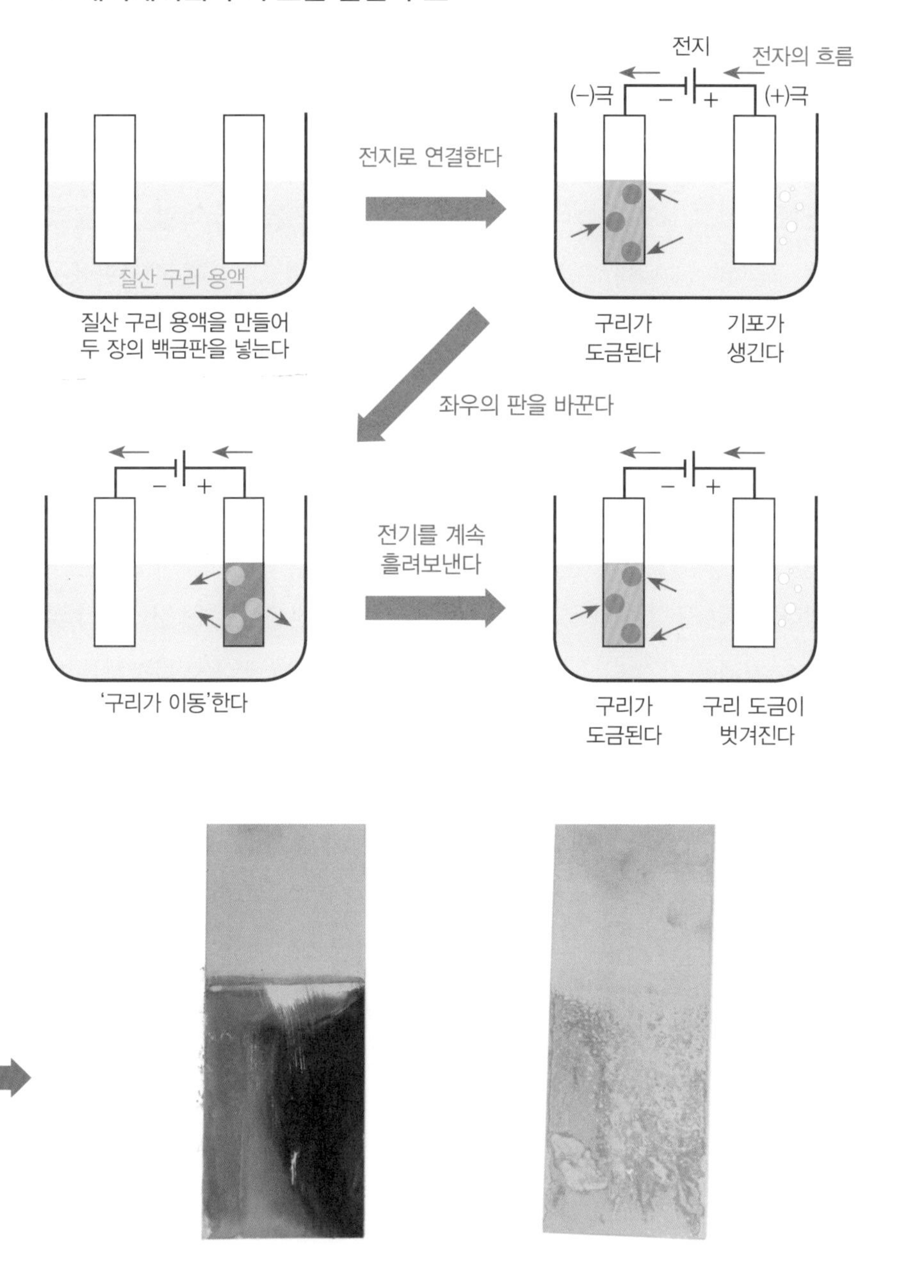

꺼낸 스테인리스판. (−)극에는 구리가 붙어 있고, (+)극에는 변화가 없다.

전지는 물에 어떻게 작용하는가?

볼타 전지를 사용하여 패러데이는 실험을 계속했습니다. "자, 이번에는 이 전지가 물에 어떻게 작용하는지 살펴보겠습니다. 유리병 안에 두 장의 백금판을 넣고 물을 넣습니다. 물만으로는 전기가 통하기 어렵기 때문에 산을 조금 넣겠습니다. 그럼, 전기를 통하게 해 볼까요?" 양쪽 백금판에서 기포가 생기면서 기체가 병에 모입니다. 물이 분해되어 기체가 된 것입니다. 패러데이가 불을 붙이자 그 기체는 탔습니다. "불꽃색은 수소가 연소할 때와 비슷하지만 수소가 연소하는 모습과는 다릅니다. 그리고 이 기체는 공기가 없어도 연소합니다. 공기가 없으면 타지 않는 양초와는 다릅니다."

패러데이는 물의 전기 분해를 계속했습니다. 이번에는 양쪽 전극에서 발생하는 기체를 각각 다른 유리관에 모았습니다. (-)극 쪽에서 발생하는 기체의 양은 (+)극 쪽에서 발생하는 기체의 양의 2배이며, 두 기체 모두 무색입니다. 먼저 기체가 많은 쪽 유리관을 손에 들었습니다. "이쪽에 수소가 있다는 것을 한번 확인해 보겠습니다. 수소의 여러 가지 성질을 떠올려 보세요. '가벼운 기체로 연한 푸른색 빛을 내며 탄다' 였지요. 한번 해 볼까요?" 기체는 타기 시작했습니다. 수소입니다.

"또 다른 것은 무엇일까요? 불이 붙은 나뭇조각을 이 기체 안에 넣어 보겠습니다. 잘 보세요. 나뭇조각이 꽤 격렬하게 탑니다. 공기 중에서보다 이 기체 안에서 불길이 더 세지요. 이 기체는 산소입니다. 산소가 물속에 있었던 것입니다."

물 분자가 수소 원자와 산소 원자로 이루어져 있다는 것도 아직 알려지지 않았던 그 당시, 청중은 꽤 신선하게 느꼈을 겁니다.

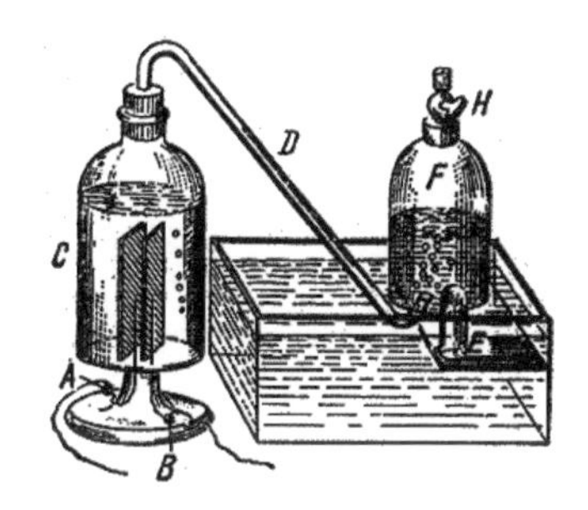

원본에 실린 그림. 이 강연에서 처음으로 물을 전기 분해했을 당시, 발생한 기체를 이런 식으로 모았다. A와 B를 전지에 연결하여 C의 물을 분해하고, F에 수소와 산소의 혼합 기체를 모았다.

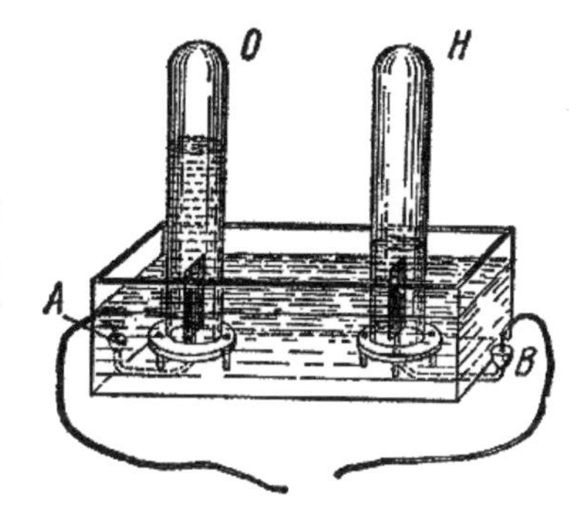

원본에 실린 그림. 수조에 물을 넣고 그곳에 (+)극과 (−)극을 유리관으로 각각 덮어서 설치했다. 이렇게 하면 수소(H)와 산소(O)를 따로 모을 수 있다. 얻어진 수소의 부피는 산소의 2배이다.

산소 속에서 불꽃을 내며 타는 나뭇조각. 공기 중에서보다 더 잘 탄다. 플라스크에 김이 서린 것으로 보아 물이 생긴 것을 알 수 있다.

양초와 산소

물을 전기 분해하면 수소와 산소가 생긴다는 것을 알았습니다. "산소는 공기 중에 있습니다. 산소가 있기 때문에 양초가 연소하고 물을 만들 수 있습니다. 산소가 없으면 절대로 불가능한 일입니다. 자, 그럼 공기 중에서 산소를 분리해낼 수 있을까요? 아주 복잡한 방법을 사용하면 가능하지만 더 쉽게 산소를 얻는 방법이 있습니다."

곧바로 패러데이는 산소 실험을 시작했습니다. "여기에 이산화 망가니즈라고 불리는 물질이 있습니다. 이것은 진한 흑색의 광물이며 상당히 높은 온도로 가열하면 산소가 발생합니다. 그리고 표백이나 화약의 제조 등에도 사용되는 염소산 포타슘이라는 물질이 있습니다. 이 염소산 포타슘과 이산화 망가니즈를 섞으면 이산화 망가니즈만 있을 때보다 낮은 온도에서 산소를 얻을 수 있습니다." 이렇게 말하고 패러데이는 이산화 망가니

이산화 망가니즈. 과산화수소수에 이산화 망가니즈를 촉매로 하여 산소를 발생시키는 실험은 현재 초 · 중학교에서 자주 하고 있다(한국은 초등학교 6학년 과학 교과서에 실려 있음-역주).

공기가 들어 있는 병(위)과 산소가 들어 있는 병(아래)에서 양초가 타는 모습. 공기만 들어 있는 병은 처음에는 사진처럼 타다가 불꽃이 점점 작아진다. 산소가 들어 있는 병 안에 넣은 양초는 격렬하게 타기 시작한다. 양초의 길이도 점점 짧아지고, 병 안쪽에 물방울이 맺히며 김이 서린다.

즈와 염소산 포타슘을 넣은 철제 용기를 가열하여 발생한 산소를 병에 모았습니다. 그리고 먼저 작은 양초를 공기 중에서 불을 붙여서 타는 모습을 보여준 후, 산소가 들어 있는 병에 넣었습니다. 양초의 불길이 확 빛나며 커졌습니다.

"정말 아름답게 타지요! 여러분은 산소가 무거운 기체라는 것도 눈치채셨으리라 생각합니다." 분명히 양초를 병 아래에 넣었을 때는 뚜껑을 닫지 않았습니다. "우리는 물에서 산소의 두 배가 되는 수소를 얻었습니다. 그런데 두 배라는 것은 부피를 말하는 것이지 무게가 아닙니다. 산소는 수소보다 훨씬 무겁습니다." $1m^3$당 수소의 무게는 90g인데 비해서, 산소의 무게는 1,429g입니다. 상당히 다르지요.

다음에 패러데이는 산소가 들어 있는 병을 손에 들고 내용물을 양초 위에 부었습니다. "자, 보십시오. 이렇게 밝게 타고 있습니다. 이 빛은 전지에 철사를 연결해서 봤을 때의 불빛과 조금 비슷합니다. 이 작용이 얼마나 격렬한지 생각해 보세요. 그런데도 이 작용으로 생긴 것은 양초가 공기 중에서 타서 생긴 것과 똑같습니다. 공기 중에서 태웠을 때와 똑같이 물이 생기는 것입니다."

"물질의 연소를 돕는 산소의 힘은 정말 놀랍습니다. 이전에 보셨듯이 철은 공기 중에서도 조금 탑니다. 그렇다면 산소 중에서는 어떻게 탈까요?"

패러데이는 철사를 둘둘 감은 나뭇조각을 준비했습니다. 나뭇조각에 불을 붙인 후 산소가 들어 있는 병 안에 넣었습니다. 나뭇조각은 타올랐습니다. "이 불은 바로 철사로 옮겨집니다. 자, 철이 강한 빛을 내면서 타기 시작했습니다. 산소가 계속 공급되는 한 철이 없어질 때까지 연소가 계속 됩니다."

이후, 패러데이는 황과 인을 산소 중에서 태우고 공기 중에서와는 다르게 상당히 격렬하게 타는 모습을 청중에게 보였습니다. "산소 안에서는 물질이 격렬하게 탄다는 것을 확인했습니다. 이번에는 수소와 산소와의 관계에 대해서 살펴보겠습니다."

나뭇조각에 철사를 감은 다음 공기 중에서 불을 붙인다. 공기 중에서는 나뭇조각밖에 타지 않지만 산소 안에 넣으면 철이 타서 불꽃이 튄다.

포타슘이 연소하는 이유 

패러데이는 포타슘을 예로 들었습니다. "포타슘은 물과 반응하여 탔습니다. 왜 그럴까요? 이유는 포타슘이 물에서 산소를 빼앗기 때문입니다. 물속에 포타슘을 넣으면 무엇이 생기지요? 수소가 분리되고 탑니다. 포타슘 자신은 산소와 화합합니다. 포타슘은 물을 분해해서 산소와 결합하고 수소를 분리하는 것입니다."

그리고 패러데이는 얼음 위에 포타슘을 놓고 청중에게 보였습니다. "산소와 수소를 화합시키는 화학 에너지는 얼음 위의 포타슘을 불태울 것입니다. 해 볼까요? 불이 붙었습니다. 마치 화산이 분화하는 것 같네요."

"이번 강연에서는 이처럼 진기한 현상을 직접 눈으로 볼 수 있었습니다. 다음 강연에서는 이런 현상들이 평소에는 결코 일어나지 않는다는 것을 보여드릴 생각입니다. 이처럼 신기하고 위험하기 그지없는 현상이 우리가 흔히 사용하는 양초나 거리의 가스등, 벽난로 속에서 장작불을 태울 때는 절대로 일어나지 않습니다."

공기 중에는 산소가 있는데 왜 이번 실험에서 본 것처럼 여러 가지 물질이 격렬하게 타지 않을까요? 패러데이는 그 대답을 다음 강연으로 미루고 네 번째 강연을 마쳤습니다.

● 네 번째 강연에서 배운 것

❶ 전지는 도금을 하거나 물을 분해하는 작용이 있다.
❷ 물은 수소와 산소로 이루어져 있다.
❸ 양초는 공기 중의 산소를 사용하여 연소하고 물을 만든다(포타슘은 물에서 산소를 빼앗고 남은 수소가 탄다).
❹ 산소는 무겁고 그 안에서는 물질이 격렬하게 탄다.

다섯 번째 강연

공기 중에는 무엇이 있을까?

OXYGEN PRESENT IN THE AIR_공기 중에 존재하는 산소

NATURE OF THE ATMOSPHERE_대기의 성질 ITS PROPERTIES_그 특성

OTHER PRODUCTS FROM THE CANDLE_양초의 또 다른 생성물

CARBONIC ACID_이산화 탄소 ITS PROPERTIES_그 특성

공기와 산소의 차이

다섯 번째 강연에도 많은 청중이 모였습니다. 패러데이는 청중에게 다음과 같은 질문을 던졌습니다. “지난 시간에는 양초가 연소해서 생긴 물에서 수소와 산소를 만들 수 있다는 것을 알았습니다. 여러분이 알고 계신 바와 같이 수소는 양초에서 나오고 산소는 공기에서 얻을 수 있습니다. 그렇다면 이런 의문이 들지 않습니까? **‘공기 중에 산소가 있는데 왜 양초는 공기 중에서와 산소 중에서 타는 모습이 다를까?’** 하는 의문 말입니다. 이것은 매우 중요한 문제입니다. 그리고 우리 자신에게도 아주 중요하다는 것을 오늘 강연에서 아시게 될 것입니다.”

공기와 산소의 차이는 무엇일까요? 공기 중에는 산소 외에 또 무엇이 있을까요? 패러데이는 이번에도 다양한 실험을 해 나갔습니다.

“지난 시간에는 생성된 기체가 산소인지 아닌지를 확인하기 위해서 그 안에서 여러 가지 것을 태웠습니다. 이 방법을 사용하면 타는 모습을 보고 산소를 판별할 수 있습니다. 오늘은 다른 방법으로 해 보겠습니다. 여기에 두 개의 유리병이 있고 각각 다른 기체가 들어 있습니다. 그 사이에 유리판으로 막아서 섞이지 않도록 했습니다. 이제 유리판을 빼면 두 기체는 서로 섞입니다. 자, 어떤 일이 일어날까요?”

무색투명했던 기체가 적갈색으로 변했습니다. 한쪽 유리병 안에는 산소, 또 다른 한쪽에는 일산화 질소가 들어 있습니다. 두 기체가 섞여서 생긴 것은 적갈색의 이산화 질소입니다. 일산화 질소는 산소의 존재를 확인하는 ‘산소 검출용 기체’로 이용할 수 있습니다.

패러데이는 이어서 일산화 질소를 공기와 반응시켰습니다. 똑같이 적갈색의 기체가 되었습니다. 공기 중에도 산소가 있다는 것이 확인되었습니다.

"그렇다면 양초는 산소 안에서는 격렬하게 탔는데 공기 중에서는 왜 그렇지 않은가에 대해서 생각해 보겠습니다. 여기에 두 개의 유리병이 있습니다. 한쪽에는 공기, 또 다른 한쪽에는 산소가 들어 있지만, 눈으로 봐서는 구별이 가지 않습니다. 어느 쪽이 산소이고 어느 쪽이 공기인지 저도 잘 모릅니다. 자, 그럼 여기서 검출용 기체를 넣어서 어떻게 변하는지 살펴보겠습니다."

패러데이는 유리병에 일산화 질소를 넣었습니다. 양쪽 모두 붉게 변했지만 진하기가 달랐습니다.

"이 붉게 변한 기체는 물을 넣고 잘 흔들면 없어집니다. 물에 흡수된 것입니다. 산소가 남아 있으면 붉은 기체가 생기고, 물을 넣으면 붉은 기체가 없어지기를 반복합니다."

"그런데 이쪽 병에는 검출용 기체를 넣어도 더 이상 붉어지지 않습니다. 공기를 조금 더 넣어볼까요? 붉게 변하면 병에는 검출용 기체가 들어 있지만 산소가 없는 상태라는 것을 알 수 있습니다." 공기를 넣자 조금 붉어졌지만 곧바로 물에 흡수되어 무색투명한 기체만 남았습니다.

일산화 질소는 무색투명하지만 공기와 접촉하면 공기 중의 산소와 반응하여 적갈색의 이산화 질소가 된다. 이산화 질소는 물에 녹기 쉬우며 녹으면 무색이 된다.

산소와 질소

“이것은 공기를 산소와 다른 무언가로 나누는 실험이었습니다. 그 무언가는 바로 질소입니다. 질소는 공기의 대부분을 차지합니다. 질소는 매우 흥미로운 물질로서 실험 결과도 매우 재미있습니다만, 아마도 여러분은 **재미없다**고 말씀하실지 모르겠습니다. 왜냐하면 질소는 수소처럼 연소하지 않고, 산소처럼 양초를 밝게 태우지도 않습니다. 그리고 타고 있는 모든 것을 꺼버립니다.”

“질소는 냄새도 없을뿐더러 맛도 없습니다. 물에도 녹지 않습니다. 산도 알칼리도 아닙니다. 우리의 감각기관으로는 질소를 느낄 수 없습니다.”

확실히 질소는 존재감이 없습니다. 그런데 왜 패러데이는 질소를 흥미로운 물질이라고 말했을까요?

“만일 질소가 없어서 우리 주변의 공기가 질소와 산소의 혼합물이 아닌 순수한 산소만 있다고 가정해 봅시다. 어떤 일이 일어날까요?”

“산소 안에서 철사가 타는 것을 여러분은 보셔서 알고 계시지요. 그렇다면 철제 난로에 석탄을 넣고 불을 지폈을 때 만일 공기가 전부 산소라면 어떻게 될까요? 철제 난로 자체가 연료인 석탄보다 더 강렬하게 불타오를 것이 분명합니다. 산소 안에서 철은 석탄보다 훨씬 더 타기 쉽기 때문입니다. 질소는 이처럼 불의 힘을 약하게 하고 평온하게 해서 우리에게 도움을 줍니다.”

산소 안에서는 철뿐만 아니라 나무나 종이도 격렬하게 탑니다. 질소와 같은 기체와 함께 있지 않다면 사람의 생활 자체가 성립할 수 없습니다.

“질소는 보통 상태에서는 활발하지 않은 원소입니다. 매우 강한 전기 힘을 작용시키면 다른 대기 성분, 즉 산소와 극히 적은 양이지만 화합합니다.

이처럼 활발하지 않기 때문에 질소는 안전한 물질이라고 말할 수 있습니다. 아래에 공기 성분을 백분율로 표시했습니다."

● **패러데이가 제시한 공기의 성분표**

	Bulk. 부피	Weight. 무게
Oxygen, 산소	20	22.3
Nitrogen, 질소	80	77.7
	100	100.0

질소의 부피는 산소의 4배입니다. "이 정도의 질소가 있어서 산소의 작용을 약하게 해 주기 때문에 양초를 적절하게 태울 수 있고, 우리의 폐는 건강하고 또 안전하게 호흡할 수 있습니다. 질소와 산소의 비율은 연소에 있어서도 중요하지만 우리가 호흡을 할 때에도 중요합니다."

● **현재 알려진 대기 조성의 예**

성분	부피 비율(%)
질소	78.1
산소	20.9
아르곤	0.934
이산화 탄소	0.0390
네온	0.00182
헬륨	0.000524
메테인	0.000181
크립톤	0.000114

기체의 무게

패러데이는 공기의 무게, 산소와 질소의 무게에 대해서 이야기를 계속했습니다. 1m^{3}당 무게는 공기는 1,293g, 산소는 1,429g, 질소는 1,251g입니다. 공기의 약 80%를 질소가 차지하며 약 20%가 산소이므로 공기는 질소보다 조금 무겁습니다.

"**기체의 무게를 어떻게 재나요?**라는 질문을 여러분께 자주 받습니다. 아주 반가운 질문입니다. 간단하므로 여기서 직접 보여드리겠습니다." 이렇게 말하고 패러데이는 구리로 만든 병을 꺼냈습니다. 강하면서도 가볍게 만들어진 병으로 마개가 달려 있습니다. 마개를 연 상태에서 양팔저울에 올리고 추를 사용하여 정확하게 평형을 맞춥니다. 다음에 패러데이는 펌프를 사용하여 병에 공기를 넣었습니다. 펌프를 20회 한 후 마개를 닫고 저울에 올리자 구리병 쪽으로 기울어졌습니다.

"이렇게 기울어졌습니다. 왜일까요? 펌프로 밀어 넣은 공기 때문입니다.

밀어 넣은 공기의 양이 얼마나 되는지를 확인해 볼까요?" 이렇게 말하고 패러데이는 물이 담긴 유리병과 공기를 밀어 넣은 구리병을 서로 연결했습니다.

밀어 넣어진 공기는 유리병으로 이동했습니다. 다시 한번 구리병을 저울에 올리자 다시 평형을 이루었습니다. 기울어졌을 때의 무게와 평형을 이루었을 때의 무게의 차이, 이것이 밀어 넣은 공기의 무게입니다.

"저는 이 방에 있는 공기의 무게를 계산해 보았습니다. 상상할 수 없으시겠지만 1톤 이상이나 됩니다."

크리스마스 강연은 커다란 반원형의 계단식 강당에서 개최되었으며 900명이나 되는 청중이 있었다고 합니다. 강당이 커서 공기의 무게도 1톤 이상이나 되었습니다. 참고로 교실을 예로 들면 세로 7m × 가로 9m × 높이 3m 정도일 때, 부피는 189m^3 정도이고 공기의 무게는 약 244kg 정도가 됩니다.

패러데이는 실험을 계속했습니다. "조금 전에 구리병에 공기를 넣는 데

사용한 펌프와 비슷한 펌프를 사용해 보겠습니다. 공기 중에서 손을 움직이는 것은 매우 간단한 일입니다. 무언가 저항을 느끼려면 상당히 빠른 속도로 움직여야 합니다."

"공기 펌프 입구에 손을 갖다 대고 이곳의 공기를 빼보겠습니다. 어떻게 될까요? 손이 달라붙어 버렸습니다. 펌프와 손이 함께 움직입니다. 자, 보세요. 손을 뗄 수가 없습니다. 이것을 어떻게 설명할 수 있을까요?"

"그 이유는 공기의 무게 때문입니다. 제 손 위에 있는 공기의 무게 때문인데요. 좀 더 알기 쉽게 다른 실험을 해 보겠습니다." 패러데이는 반투명의 얇은 막을 꺼내서 유리병에 씌웠습니다. 이 막은 동물의 방광으로 만들었으며 플라스틱이 없었던 시대에는 이와 같은 실험에 자주 사용되었다고 합니다.

유리병 안에 있는 공기를 펌프를 사용하여 빼내면 평평하던 막이 아래

쪽으로 조금씩 내려앉습니다. 막은 유리병 안쪽으로 내려앉다가 큰소리를 내면서 찢어져 버렸습니다. 패러데이는 5개의 정육면체를 쌓아서 이야기를 이어갔습니다.

"위에서 누르는 공기의 무게로 막이 찢어졌습니다. 공기를 만드는 기체의 입자는 여기에 있는 5개의 정육면체를 쌓아 올린 것과 같습니다. 그래서 맨 아래 정육면체를 빼내면 위의 4개는 당연히 아래로 떨어집니다. 공기도 마찬가지입니다. 공기 입자도 차곡차곡 쌓여 있어서 위쪽 공기를 아래쪽 공기가 받치고 있습니다. 그래서 아래쪽 공기를 펌프로 뺐을 때 펌프 입구에 얹은 손이 떨어지지 않거나 막이 찢어지는 것입니다."

안에서 끌어당기는 것이 아니라 위에서 눌려서 손이 떨어지지 않거나 막이 찢어지는 것입니다. 패러데이는 "위에 있는 공기의 크고 강한 작용"이 일으킨 현상이라고 말했습니다.

대기압을 실감하다

패러데이는 흡착 고무를 손에 들었습니다. "이것은 아이들 장난감을 개량한 것입니다. 오늘은 장난감을 학문적으로 연구해 보겠습니다. 이 고무로 만든 흡착 고무를 테이블 위에 세게 던져 보겠습니다. 착 달라붙었네요. 왜 달라붙는 것일까요?"

패러데이는 흡착 고무를 테이블 위에 미끄러지게 했습니다. "이리저리 미끄러지게 할 수 있지만 떼어내려고 하면 테이블까지 같이 끌려올 것 같습니다. 테이블 가장자리로 가져와서야 겨우 떨어집니다. 이와 같은 현상 역시 위에서 대기의 압력으로 누르고 있기 때문입니다."

"또 여러분이 집에서도 해 볼 수 있는 실험을 한번 해 보겠습니다. 여기에 물이 가득 들어 있는 컵이 있습니다. '**이 컵을 거꾸로 세워도 물이 밑으로 쏟아지지 않도록 해 주세요.**'라고 한다면 여러분은 어떻게 하시겠습니까? 이때 손으로 막거나 하는 것은 안 됩니다. 대기의 압력을 사용해서 쏟아지지 않도록 하는 것입니다. 자, 어떻습니까? 여러분! 하실 수 있겠습니까?"

패러데이는 1장의 카드를 컵 위에 올리고 컵을 거꾸로 세웠습니다. 물은 쏟아지지 않았습니다. 대기 압력이 카드를 누르고 있기 때문입니다.

"한 가지 더 공기의 힘을 보여주는 실험을 해 보겠습니다. 공기 대포입니다. 가는 종이 관이나 갈대 줄기 등 가는 관을 준비해 주세요. 그리고 감자(또는 사과)를 얇게 잘라서 여기에 관을 쿡 꽂으면 마치 탄알처럼 관 끝에 감자 조각이 들어갑니다. 반대쪽 관에도 같은 방법으로 감자 조각을 꽂아 주세요. 이렇게 해서 우리가 의도한 대로 공기가 완전히 관 안에 갇히게 되었습니다." 패러데이는 한쪽 탄알을 반대쪽 탄알을 향해서 세게 밀어냈습니다. 그러자 '퐁' 하며 탄알이 튀어나왔습니다.

"어떤 힘을 써도 이 작은 탄알을 또 다른 탄알에 달라붙게 하는 것은 불가능합니다. 절대로 서로 붙지 않습니다. 물론 어느 정도까지는 공기를 누를 수 있겠지요. 하지만 계속 누르면 다른 쪽 탄알에 달라붙기 전에, 갇혀 있던 공기가 화약과 같은 힘으로 앞쪽의 탄알을 날려 버립니다. 실제로 화약에도 지금 제가 보여드린 것과 같은 힘이 작용하고 있습니다."

패러데이가 보여준 이 실험은 빨대를 가지고 간단하게 할 수 있습니다 (➔p120).

물을 가득 채운 컵에 카드를 올리고 거꾸로 세운다. 대기압이 있기 때문에 카드는 떨어지지 않는다.

Experiment 7 빨대 대포

공기의 힘으로 감자 조각을 날려봅시다. 공기는 어느 정도는 압축할 수 있지만 원래대로 돌아가려고 합니다.

● 준비물

굵은 빨대, 가는 빨대, 감자(사과도 좋음), 칼, 도마 등

빨대는 단단하고 튼튼한 것이 좋다.

● 순서

1. 감자를 1cm 정도의 두께로 자른다.
2. 굵은 빨대를 7~8cm 길이로 자른 다음, 1에 꽂는다(a). 빼냈을 때 감자 조각이 굵은 빨대 끝에 채워져 있게 한다(b).
3. 2와 마찬가지로 굵은 빨대의 반대쪽에도 감자 조각을 채운다(c~d).
4. 가는 빨대를 굵은 빨대 안에 넣어 감자 조각을 밀어낸다(e~i).

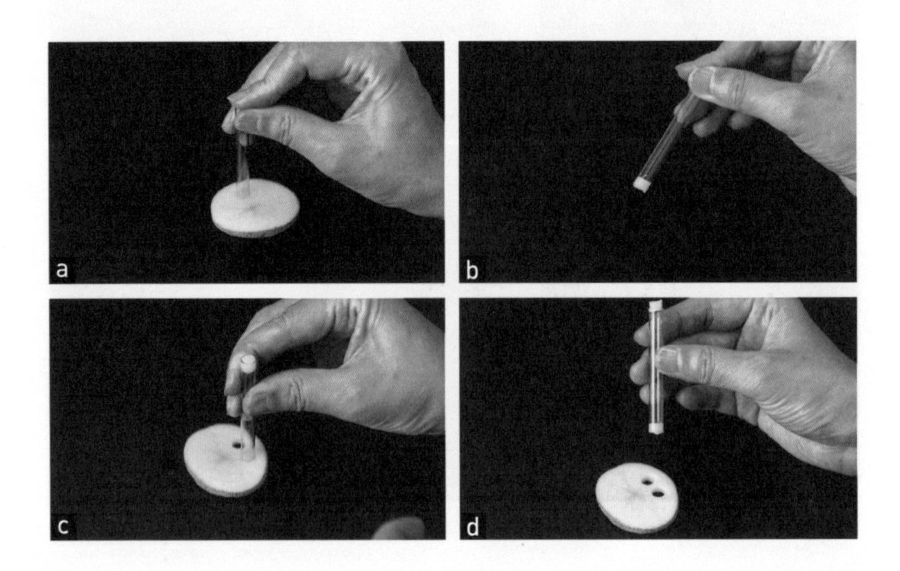

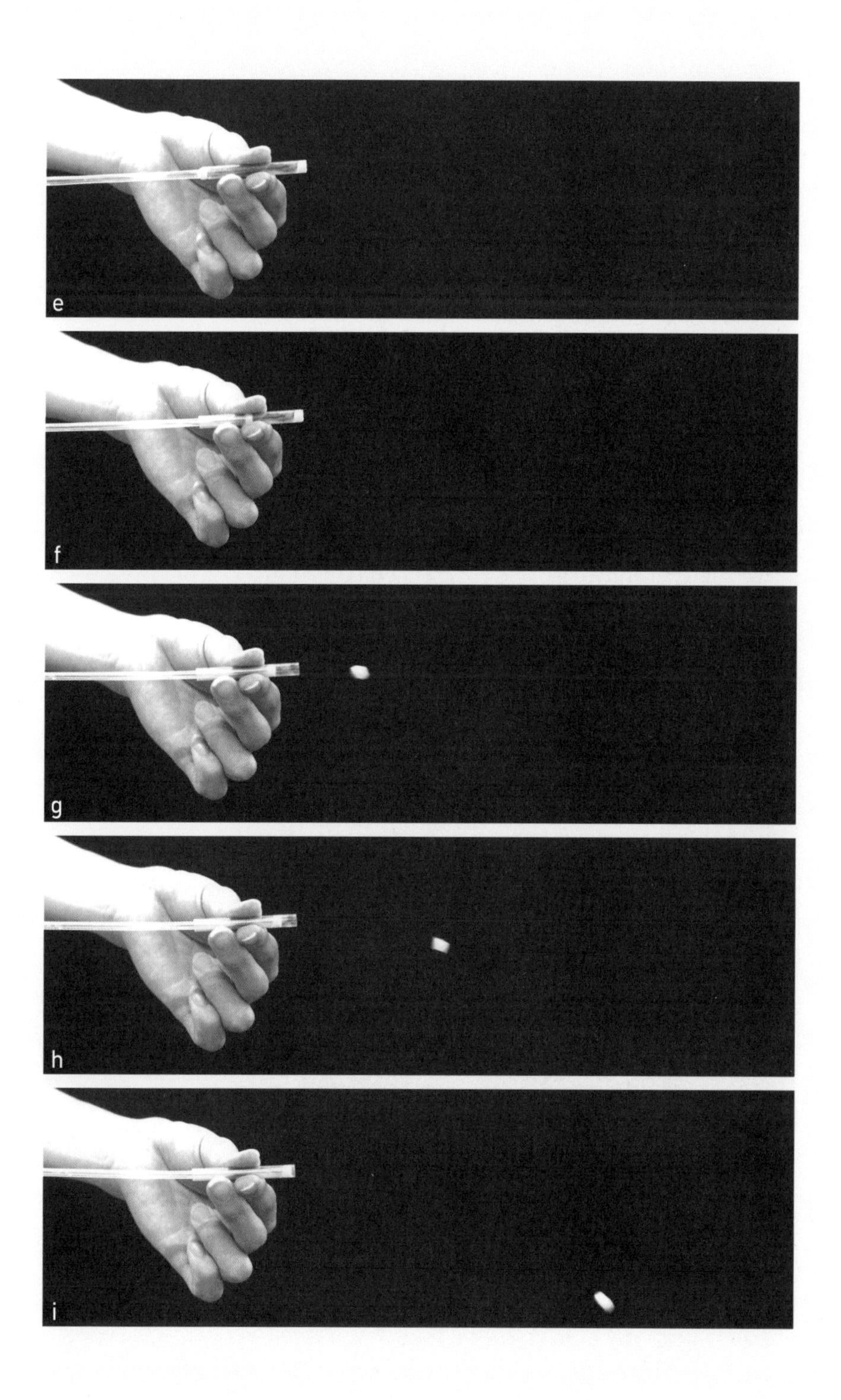
e
f
g
h
i

공기의 탄성

"이 공기 대포에 감자 탄알을 1/2~2/3인치(약 1.3~1.7cm) 정도 밀어넣었을 뿐인데 반대쪽 탄알을 바깥으로 밀어낼 수 있었습니다. 이것은 공기의 탄성이라는 성질에 의한 것입니다. 제가 공기의 무게를 재기 위해서 구리병 안에 공기를 밀어넣었을 때도 탄성은 작용했습니다."

패러데이는 공기의 신비한 성질에 대해서 설명했습니다.

"우선 공기를 잘 가두어 둘 수 있는 물건을 찾아볼까요? 뭐든 괜찮습니다만, 예를 들어 이 방광막을 사용해 보겠습니다. 이것은 쉽게 늘어나고 줄어들어서 공기의 탄성을 측정하기에 편리합니다. 이 막 안에 공기를 조금

유리 용기 안에 풍선을 넣는다. 풍선 크기는 유리 용기 안에 넣기만 해서는 변하지 않는다.

넣고 밀봉한 다음 유리 용기 안에 넣습니다. 그런 다음에 용기 안의 공기를 펌프를 사용하여 빼내면 보시는 바와 같이 방광막은 점점 커져서 유리 용기에 가득 차게 됩니다. 이제 여러분은 공기의 탄성, 압축성과 팽창성에 대해서 잘 이해하셨으리라 생각합니다."

현대에는 공기의 탄성을 이용한 '공기 스프링'이 산업 로봇이나 지진 시에 흔들림을 줄여주는 장치 등 다양한 곳에 사용되고 있습니다. 자동차의 타이어 역시 공기의 탄성을 이용합니다.

공기의 탄성은 공기 중에 질소나 산소 등의 기체가 존재함으로써 생깁니다. 아무리 압력을 가해도 공기의 부피가 0이 되지 않는 것은 기체의 분자가 존재하기 때문입니다.

유리 용기 안에 있는 공기를 빼면 풍선이 점점 커져서 유리 용기에 가득 찬다.

양초가 타서 생기는 또 하나의 기체

공기에는 무게가 있고, 탄성이 있다는 것을 다양한 실험으로 보여준 다음, 패러데이는 화제를 바꾸었습니다.

"또 한 가지 아주 중요한 문제로 넘어가겠습니다. 앞에서 양초를 태웠을 때 여러 가지 물질이 생겼던 것을 떠올려 주세요. 그때 그을음과 물이 생긴 것은 확인하였지만 그 밖의 것은 살펴보지 않았습니다. 우리는 촛불에서 물만 모았고 다른 것은 공중으로 빠져나가 버렸습니다. 오늘은 이렇게 빠져나간 것에 대해서 살펴보겠습니다."

패러데이는 불이 켜진 양초 위에 유리 연통을 씌웠습니다. 위에는 배기구가 붙어 있고 아래 부분은 열려 있어서 공기가 자유롭게 통할 수 있게 되어 있습니다.

"연통 안쪽에 물기가 맺혔습니다. 여러분이 이미 알고 계시듯 양초 속의 수소와 공기 중의 산소가 작용해서 생긴 물입니다. 그런데 이외에도 무엇인가 위쪽 입구로 빠져나가고 있습니다. 습기도 없고 응결도 하지 않습니다."

이 기체가 나오는 곳에 패러데이는 다른 불꽃을 갖다 대었습니다. 그러자 불꽃이 꺼졌습니다. "여러분은 이것을 당연하다고 생각하시겠지요. 공기 중의 산소는 전부 사용되고 질소만 남았다. 빠져 나온 기체는 질소다. 양초는 질소 안에서는 탈 리가 없다고 말입니다. 하지만 과연 이 안에 질소 말고는 아무것도 없는 걸까요?"

패러데이는 아무것도 들어 있지 않은 빈병을 꺼내서 배기구 위에 씌웠습니다. 눈에는 보이지 않지만, 양초의 연소로 생긴 기체가 분명히 모여 있을 겁니다.

양초가 연소한 후에 생긴 기체에 불꽃을 가까이 대면 꺼진다.

"자, 여기 병 안에 생석회를 조금 넣고 물을 부어 보겠습니다. 잠시 저어 준 다음 거름종이에 거르면 투명한 액체가 병 안으로 흘러 들어갑니다. 이것은 석회수입니다. 그럼 이번에는 양초의 연소로 생긴 기체가 들어 있는 병 안에 이 깨끗하고 투명한 석회수를 조금 넣어 보겠습니다. 어떤 변화가 생길지 지켜봐주세요." 석회수는 하얗게 흐려졌습니다.

"여기에 공기를 담은 병이 있습니다. 이곳에는 석회수를 담아도 아무런 변화도 없습니다. 산소든 질소든 석회수는 변화하지 않습니다. 완전히 투명한 채 그대로입니다. 하지만 양초의 연소로 생긴 이 기체를 넣으면 석회수는 금방 우유처럼 하얗게 흐려집니다."

석회수는 공기와 섞었을 때 아무 변화도 보이지 않았지만, 양초의 연소로 생겨난 기체와 반응시키자 하얀 가루를 만들어냈습니다. 패러데이는

석회에 물을 넣고 거름종이로 거르면 무색투명한 석회수가 된다.

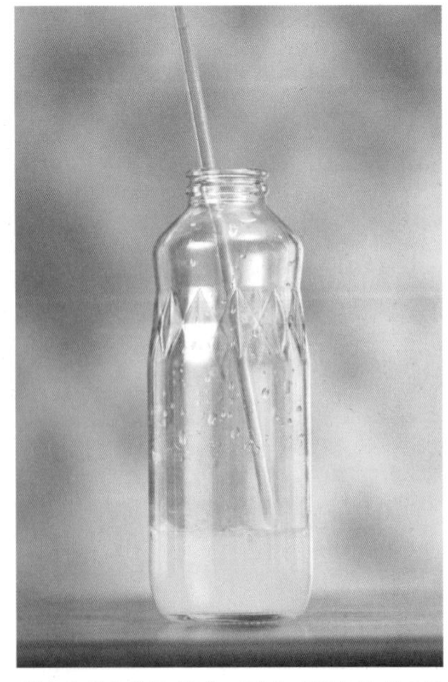

양초가 연소해서 생긴 기체에 석회수를 섞으면 하얗게 흐려진다.

이 하얀 가루가 지금 손에 들고 있는 분필과 똑같은 것이라고 이야기했습니다.

"이 기체는 여러분이 생각하지도 못한 여러 곳에 감춰져 있습니다. 양초를 태웠을 때 나오는 이 기체는 이산화 탄소입니다. 이산화 탄소는 모든 석회암에 상당히 많이 함유되어 있으며, 조개껍질, 산호, 그리고 분필 등도 이산화 탄소를 많이 포함하고 있습니다. 이런 돌 같은 것 안에 이산화 탄소가 고정되어 있는 것입니다."

이산화 탄소는 분필이나 대리석 등에 기체가 아닌 고체로 변한 상태로 많이 들어 있습니다. 이처럼 고체 상태로 고정되어 있는 이산화 탄소를 스코틀랜드의 조지프 블랙*Joseph Black, 1728~1799*은 '고정 공기'라고 이름 붙였습니다.

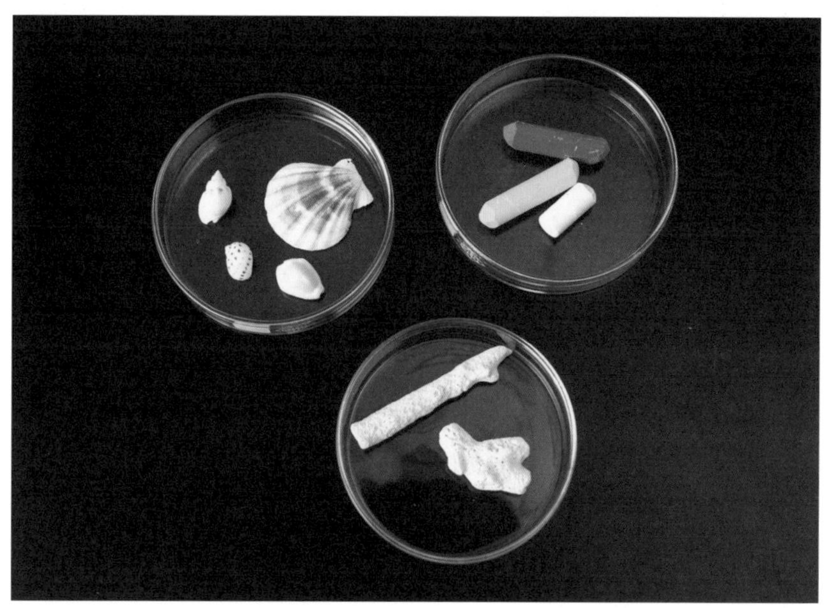

조개껍질이나 산호는 바닷속에서 이산화 탄소를 함유하고 있다. 분필은 석회암 등을 원료로 만들어진다. 석회암은 태고의 바다에 가라앉아 있던 생물의 껍질이 쌓인 것이다.

"우리는 대리석 안에 고정된 이산화 탄소를 빼낼 수 있습니다. 이 병에는 염산이 조금 들어 있습니다. 여기에 대리석 조각을 넣어 보겠습니다."

패러데이가 염산 안에 대리석 조각을 넣자 기포가 발생했습니다.

"이 기체가 이산화 탄소입니다. 이산화 탄소에 대해서 조금 더 실험을 해서 살펴보겠습니다. 이 용기에는 이산화 탄소가 채워져 있습니다. 우리가 지금까지 산소나 수소, 질소와 같은 기체로 실험해왔던 것처럼 연소 현상을 살펴보겠습니다. 불이 켜진 양초를 넣으면 어떻게 될까요?" 불꽃은 꺼져 버렸습니다. 이산화 탄소는 연소하지 않으며, 연소를 도와주지도 않습니다.

"그리고 이 기체는 물을 통과시켜도 포집할 수 있습니다. 즉 물에 잘 녹지 않습니다. 석회수가 하얗게 흐려지는 작용이 있다는 것은 이미 앞에서

염산 안에 대리석 조각을 넣으면 이산화 탄소의 기포가 발생한다. 이산화 탄소는 물에 아주 조금 녹는다.

살펴보았습니다. 하얗게 흐려지는 것은 이산화 탄소가 탄산 칼슘, 즉 석회암 성분의 하나로 변했기 때문입니다."

"다음은 이산화 탄소가 물에 잘 녹지는 않지만 조금은 물에 녹는 것을 보여드리겠습니다. 이 점에서 이산화 탄소는 산소와 질소와 다릅니다."

패러데이는 이산화 탄소를 발생시켜서 물속을 계속 통과시키는 장치를 청중에게 보였습니다. "이산화 탄소가 기포가 되어 물속을 타고 올라가는 것이 보이지요. 밤새 이렇게 두었기 때문에 이산화 탄소가 물속에 녹아 있을 겁니다. 살짝 맛을 볼까요? 조금 신맛이 납니다. 여기에 석회수를 조금 넣어 보면 정말 이산화 탄소가 녹아 있는지 아닌지를 알 수 있습니다. 석회수를 넣어보겠습니다. 자, 보십시오. 물이 하얗게 흐려졌습니다. 이것으로 이산화 탄소가 있다는 것이 증명되었습니다."

탄산수에 석회수를 넣으면 하얗게 흐려진다. 탄산수가 신맛이 나는 것도 이산화 탄소가 녹아 있기 때문이다.

Experiment 8 석회수의 색을 바꾸다

석회수는 가정에서도 간단하게 만들 수 있습니다. 하지만 눈에 들어가거나 손에 묻지 않도록 주의해서 취급해야 합니다.

● 준비물

김 등의 포장지 안에 들어 있는 석회 건조제(생석회 또는 CaO라고 쓰여 있는 것), 페트병, 탄산수

석회 건조제의 내용물. 손에 묻지 않도록 주의한다.

● 순서

1. 석회 건조제가 손에 묻지 않도록 주의하면서 페트병에 넣고 물을 부은 다음, 뚜껑을 닫고 페트병을 잘 흔든다(a).
2. 하얗게 흐려진 용액이 투명하게 될 때까지 둔다(b).
3. 투명한 윗부분(석회수)을 컵에 옮겨 붓는다(c). 탄산수를 첨가한다(d).
4. 하얗게 흐려지면 다시 탄산수를 넣어 본다(e~f).

* 석회수는 강한 알칼리성으로 눈에 들어가면 위험합니다. 손에 묻었을 경우 곧바로 씻어 주세요.
* 석회 건조제가 새것일 경우에 물을 넣으면 발열합니다.

a
b
c
d
e
f

패러데이는 석회수에 탄산수를 넣어서 하얗게 흐려지게 했는데, 여기에 탄산수를 계속해서 더 넣으면 투명해집니다.

석회수는 수산화 칼슘 용액입니다. 수산화 칼슘은 이산화 탄소와 반응하여 탄산 칼슘이 되며, 이 탄산 칼슘이 조개껍질이나 산호, 분필의 주성분입니다. 물에 녹기 어렵기 때문에 투명했던 석회수가 하얗게 흐려집니다.

$Ca(OH)_2$	+	CO_2	→	$CaCO_3$	+	H_2O
수산화 칼슘		이산화 탄소		탄산 칼슘		물

이 탄산 칼슘은 이산화 탄소와 물과 반응하여 탄산수소 칼슘이 됩니다. 탄산수소 칼슘은 물에 녹습니다. 때문에 탄산 칼슘에 의해서 하얗게 흐려진 석회수에 탄산수를 계속 넣으면 탄산 칼슘이 탄산수소 칼슘이 되어 투명한 용액이 되는 것입니다.

$CaCO_3$	+	CO_2	+	H_2O	→	$Ca(HCO_3)_2$
탄산 칼슘		이산화 탄소		물		탄산수소 칼슘

앞에서의 반응과는 반대로 즉, 탄산수소 칼슘이 탄산 칼슘, 이산화 탄소, 물이 되는 반응도 일어납니다. 석회암(탄산 칼슘) 속을 이산화 탄소가 녹아든 빗물이 지나가면 탄산수소 칼슘이 생깁니다. 이 탄산수소 칼슘은 빗물에 녹아 지하에 스며들어 동굴에 떨어질 때가 있습니다. 그러면 탄산 칼슘으로 돌아가 오랜 시간을 거쳐서 종유동이 생기는 것입니다.

이산화 탄소의 무게 

이산화 탄소는 수소는 물론이고 질소나 산소보다 무거운 기체입니다. 패러데이는 지금까지 조사한 여러 가지 기체의 무게를 표로 보여주었습니다. 현재 우리가 사용하는 단위, 1리터당 그램으로 환산하면 아래 표(오른쪽)에 가까운 수치가 됩니다.

● 패러데이가 나타낸 공기의 성분표

	Pint. 파인트	Cubic Foot. 세제곱피트	현대의 표 1리터(L)의 무게
Hydrogen, 수소	3/4 grains. 그레인	1/12 ounce. 온스	수소 0.09 g
Oxygen, 산소	11 9/10 〃	1 1/3 〃	산소 1.43 g
Nitrogen, 질소	10 4/10 〃	1 1/6 〃	질소 1.25 g
Air, 공기	10 7/10 〃	1 1/5 〃	공기 1.29 g
Carbonic acid, 이산화 탄소	16 1/3 〃	1 9/10 〃	이산화 탄소 1.96 g

"이산화 탄소가 무거운 기체라는 것은 여러 가지 실험으로 알 수 있습니다. 공기가 들어 있는 유리컵 위에서 이산화 탄소가 들어 있는 용기를 기울여서 이산화 탄소를 흘려 넣어 보겠습니다. 눈으로 봐서는 이산화 탄소가 들어갔는지 알 수 없습니다. 양초를 넣어볼까요? 불이 꺼졌습니다. 이산화 탄소가 들어갔네요. 석회수로 살펴봐도 확실

이산화 탄소를 넣은 유리컵 안에 불을 붙인 양초를 넣었더니 꺼졌다.

하게 들어 있는 것을 알 수 있습니다."

다음에 패러데이는 양팔저울을 사용하여 공기와 이산화 탄소의 무게 차이를 확인하는 실험도 했습니다.

드디어 오늘 강연의 마지막 실험입니다.

"제가 비눗방울을 불어서 이산화 탄소가 들어 있는 병에 넣으면 비눗방울이 뜰 겁니다. 비눗방울 안에 공기가 들어 있기 때문입니다. 한번 볼까요?"

공기 중에서 비눗방울은 아래로 떨어져 사라져 버리지만 이산화 탄소가 들어 있는 용기 안에서는 둥둥 뜬 채로 있습니다. 공기보다 이산화 탄소가 더 무겁다는 것을 잘 알 수 있습니다.

"이산화 탄소에 관해서도 꽤 많이 배웠습니다. 양초가 타면 이산화 탄소가 만들어진다는 것, 이산화 탄소의 물리적 성질이나 무게 등을 알 수 있었습니다. 다음 시간에는 이산화 탄소가 무엇으로 이루어졌는지, 이산화 탄소를 만드는 성분은 어디에서 오는지에 대해서 이야기해 보겠습니다."

이렇게 해서 다섯 번째 강연이 끝났습니다.

● 다섯 번째 강연에서 배운 것

공기의 특징	이산화 탄소의 특징
❶ 약 80%가 질소이고, 약 20%가 산소이다. ❷ 무게가 있기 때문에 대기압이 발생한다. ❸ 탄성이 있다.	❶ 양초의 연소에 의해서 만들어진다. ❷ 연소하지 않고 연소를 도와주지도 않는다. ❸ 대리석이나 분필 등(탄산 칼슘)에 함유되어 있으며 이것들과 강산을 반응시켜서 얻을 수 있다. ❹ 석회수를 하얗게 흐려지게 한다. ❺ 공기보다 무겁다.

이산화 탄소가 들어 있는 용기에 공기가 들어 있는 비눗방울을 떨어뜨리면 바닥까지 떨어지지 않고 얼마 동안 둥둥 떠 있다.

Note 4 과학을 알리다

패러데이는 과학자로서의 재능뿐만 아니라 과학을 전달하는 재능 또한 뛰어났으며, 이를 위해서 많은 노력을 기울였습니다. 본인 스스로 강연 방식에 대해서 다음과 같이 적고 있습니다.

"과학자에게 과학은 무척이나 매력 있지만 유감스럽게도 일반인들은 다르다. 그 길에 꽃이 활짝 피어 있지 않으면 1시간이라는 짧은 시간조차 우리를 따라와 주지 않는다." 때문에 패러데이는 청중의 흥미를 이끌어내기 위해서 노력을 아끼지 않았습니다. "편안하게 천천히 이야기할 것. 발성 기술을 익혀 생각하는 것과 말하고 싶은 것을 부드러운 어조로 전달할 것. 또한 간단하고 쉬운 말로 표현하는 노력을 기울일 것. 전달하고 싶은 내용을 명료하게 전달할 수 있는 문장과 표현을 사용할 것. 청중이 강연 내용을 이해하려고 노력할수록 권태와 무관심, 질리는 기분이 들 수 있다." 실제로 패러데이가 강연을 할 때는 조수인 앤더슨이 '천천히'와 '시간'이라고 적힌 카드를 상황에 맞춰 보여주었다고 합니다.

패러데이는 강연 중에 보여주는 실험을 상당히 많이 하였습니다. "무슨 일이든 당연히 알고 있다고 단정지어서는 안 된다. 귀로 전달하는 동시에 눈으로도 전달해야 한다."라고 생각했기 때문입니다.

패러데이는 '상대에게 지식을 전달하는 것'에 대해서 이렇게까지 자신에게 엄격한 반면에 세속적인 성공이나 명예에는 무관심했습니다. 그렇기 때문에 오늘날까지 분야를 막론하고 패러데이를 동경하는 사람이 끊이지 않는 것이겠지요.

여섯 번째 강연

숨을 쉬는 것과 양초가 타는 것

CARBON OR CHARCOAL_탄소 혹은 목탄

COAL GAS_석탄 가스

RESPIRATION AND ITS ANALOGY TO THE BURNING OF A CANDLE_호흡과 양초 연소의 닮은 점

CONCLUSION_결론

일본 전통 양초 

'촛불의 과학' 마지막 강연이 시작되었습니다. 패러데이는 아름다운 양초 두 자루를 손에 들고 이야기를 시작했습니다.

"강연에 오신 어떤 부인이 친절하게도 양초 두 자루를 저에게 선물해 주셨습니다. 이것은 일본산 양초입니다. 보시는 것처럼 프랑스 양초보다 훨씬 장식이 많고 매우 화려합니다. 이 양초에는 주목할 만한 특징이 있습니다. 그것은 심지 부분에 구멍이 뚫려 있다는 점입니다."

심지 부분에 구멍이 뚫려 있기 때문에 중심부까지 공기가 통해서 완전 연소하기 쉬운 것이 일본 양초의 특징입니다. 일본 양초는 옻나무과의 거망옻나무를 원료로 하고 심지는 일본 종이를 말아 등심초의 중심부를 감아서 만든다고 합니다.

"자, 지난번 강연 때는 이산화 탄소에 대해서 여러 가지 이야기를 했습니다. 석회수로 실험도 했습니다. 석회수에 양초가 타서 생긴 기체를 넣으면 하얗게 흐려집니다. 이 하얀 것은 조개껍질, 산호, 그 밖에 땅속에 있는 각종 암석 및 광물 속에 있는 것과 마찬가지로 석회질 물질입니다. 그런데 이산화 탄소의 화학적인 성질에 대해서는 지난 시간에 충분히 설명하지

사진은 현대의 일본 양초이다. 패러데이 시대에는 조각을 해서 꾸몄을지도 모른다. 심지는 서양 양초보다 두껍고 공기가 지나가는 길이 있다.

못했습니다. 오늘은 이 주제로 이야기해 보겠습니다."

지금까지의 강연에서 양초가 타면 물이 생긴다는 것을 알았습니다. 물은 수소와 산소라는 두 개의 원소로 이루어져 있습니다. 이번에는 '이산화 탄소가 어떤 원소로 이루어져 있는지'를 실험을 통해서 밝혀보겠다고 패러데이는 말했습니다.

"여러분은 양초가 불완전 연소할 때는 연기, 즉 탄소가 나오고, 완전 연소할 때는 탄소가 나오지 않는다는 것을 기억하실 겁니다. 또 양초의 불꽃이 밝은 이유가 고체인 탄소가 있기 때문이라는 것도 잘 알고 계실 겁니다. 이번에는 양초의 불꽃 속에 탄소가 있고 그것이 타는 동안에는 불꽃의 빛이 밝으며 결코 검은 알갱이가 되지 않는다는 사실을 보여드리려고 합니다."

패러데이는 해면에 테레빈유를 적셔서 불을 붙였습니다. 많은 연기가 공기 중으로 올라갔습니다.

해면은 바다에 생식하는 '목욕해면'의 스펀지 상태의 조직을 건조시킨 것이다. 껍질을 갖지 않으며 바닷속에 떠다니는 플랑크톤을 여과해서 섭취한다.

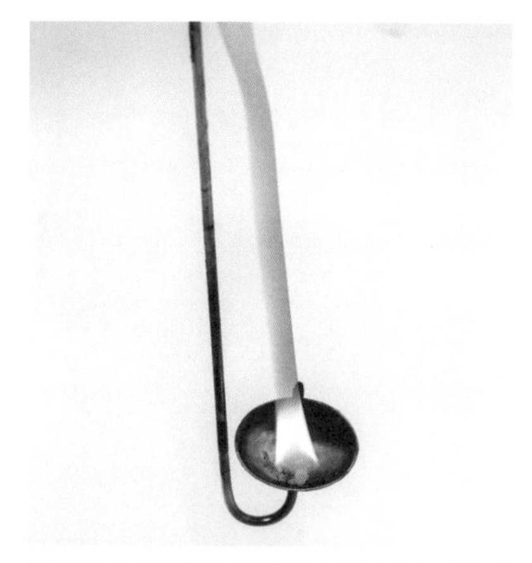

해면에 테레빈유를 적셔서 불을 붙이면 검은 연기가 피어오른다. 산소가 부족하여 불완전 연소하기 때문이다.

"연기를 많이 내며 올라가는 것이 보이십니까? 그럼 이번에는 산소를 가득 채운 플라스크에 불이 붙은 해면을 넣어보겠습니다. 어떻게 될까요? 연기가 전혀 나오지 않습니다. 아까처럼 공기 중에서 태웠을 때는 연기가, 즉 탄소가 그렇게 많이 나왔는데요. 산소 중에서 탄소는 불꽃 속에서 완전히 탑니다. 이렇게 간단한 실험에서도 양초가 타는 실험 때와 같은 결론과 결과를 얻을 수 있습니다. 제가 이러한 실험을 보여드리는 이유는 한 개 한 개의 증명을 단순화하여, 여러분이 논리적인 과정을 잘 이해하고 결론에 이르기를 바라기 때문입니다."

"그런데 산소나 공기 중에서 연소하는 탄소는 이산화 탄소가 되어 나옵니다. 그러나 연소하지 않으면 탄소 가루가 됩니다. 탄소는 산소가 충

산소로 채운 용기 안에 연기를 내며 타고 있는 해면을 넣으면 연기가 나오지 않는다. 산소가 충분히 있기 때문에 완전히 연소한다.

분히 있으면 불꽃을 밝히고 이산화 탄소가 되지만, 연소에 필요한 산소가 충분하지 않을 때는 이산화 탄소가 되지 못하고 연기가 되어 바깥으로 나옵니다."

이산화 탄소의 성질

탄소와 산소가 결합하여 이산화 탄소가 됩니다. 이것을 좀 더 알기 쉽게 설명하기 위해서 패러데이는 숯을 사용하여 실험을 했습니다. 숯은 목재를 구워서 탄화시킨 것으로 거의 탄소만으로 이루어져 있습니다.

패러데이가 숯가루를 화로에 달군 단지에 떨어뜨리자 빨갛게 되었습니다. 이 빨갛게 달군 가루를 산소가 들어 있는 용기 속에 집어넣자, 밝은 불꽃을 내며 타기 시작했습니다. "멀리 계신 분들은 불길을 일으키며 타는 것처럼 보이지요. 하지만 그렇지 않습니다. 작은 숯 가루 하나하나가 불꽃처럼 타면서 이산화 탄소를 내고 있는 것입니다."

잘게 부순 숯을 뜨겁게 달군 단지에 떨어뜨리면 빨갛게 된다. 그것을 산소가 들어 있는 용기 안에 넣으면 밝게 탄다.

다음에 패러데이는 숯가루가 아닌 작은 숯 조각을 태웠습니다. 숯은 타기 시작했습니다. 작은 연소가 한꺼번에 많이 일어나 불꽃이 생겼지만 불길은 올라오지 않습니다. 이 연소에서 생긴 기체를 석회수에 통과시키자 하얗게 흐려졌습니다. 이산화 탄소가 생긴 것을 알 수 있습니다.

"무게가 6인 탄소와 무게가 16인 산소가 화합하면, 무게가 22인 이산화 탄소가 발생합니다. 그리고 무게가 22인 이산화 탄소와 28인 생석회가 화합하면 탄산 석회(탄산 칼슘)가 됩니다. 굴껍질 성분을 살펴보면 어느 부분에서도 탄산 석회 50에 대하여 탄소 6, 산소 16, 석회 28의 비율로 결합하고 있습니다."

"자, 그러면 다음 이야기로 진행하겠습니다. 여기를 봐주세요. 산소 용기

숯을 뜨겁게 달구면 빨갛게 되지만 연기는 나지 않는다. 목재를 구워 만든 숯은 탄소 덩어리로 이루어져 있어 목재처럼 연소할 때 연기를 내지 않는다.

● **현대의 원소 주기율표와 이산화 탄소 등의 분자 구조(모식도)**

O C O
이산화 탄소

Ca O
산화 칼슘

O C O O Ca
탄산 칼슘

1 H 1.008																	2 He 4.003
3 Li 6.941	4 Be 9.012											5 B 10.81	6 C 12.01	7 N 14.01	8 O 16	9 F 19	10 Ne 20.18
11 Na 22.99	12 Mg 24.31											13 Al 26.98	14 Si 28.09	15 P 30.97	16 S 32.07	17 Cl 35.45	18 Ar 39.95
19 K 39.1	20 Ca 40.08	21 Sc 44.96	22 Ti 47.87	23 V 50.94	24 Cr 52	25 Mn 54.94	26 Fe 55.85	27 Co 58.93	28 Ni 58.69	29 Cu 63.55	30 Zn 65.38	31 Ga 69.72	32 Ge 72.63	33 As 74.92	34 Se 78.97	35 Br 79.9	36 Kr 83.8
37 Rb 85.47	38 Sr 87.62	39 Y 88.91	40 Zr 91.22	41 Nb 92.91	42 Mo 95.95	43 Tc [99]	44 Ru 101.1	45 Rh 102.9	46 Pd 106.4	47 Ag 107.9	48 Cd 112.4	49 In 114.8	50 Sn 118.7	51 Sb 121.8	52 Te 127.6	53 I 126.9	54 Xe 131.3
55 Cs 132.9	56 Ba 137.3	57 ~ 71	72 Hf 178.5	73 Ta 180.9	74 W 183.8	75 Re 186.2	76 Os 190.2	77 Ir 192.2	78 Pt 195.1	79 Au 197	80 Hg 200.6	81 Tl 204.4	82 Pb 207.2	83 Bi 209	84 Po [210]	85 At [210]	86 Rn [222]
87 Fr [223]	88 Ra [226]	89 ~ 103	104 Rf [267]	105 Db [268]	106 Sg [271]	107 Bh [272]	108 Hs [277]	109 Mt [276]	110 Ds [281]	111 Rg [280]	112 Cn [285]	113 Nh [278]	114 Fl [289]	115 Mc [289]	116 Lv [293]	117 Ts [293]	118 Og [294]

* 원소 주기율표는 1869년에 러시아의 멘델레예프가 제창한 것입니다. 이후 새롭게 발견된 원소가 더해져서 지금의 원소 주기율표와 같은 형태가 되었습니다.

* 알파벳 원소 기호 위의 숫자가 원자 번호, 아래 숫자가 원자의 무게. 패러데이 시대에는 분자나 원자에 대해서 자세하게 알려지지 않았지만, 앞 페이지에서의 무게 계산이 정확하다는 것을 확인할 수 있습니다.

안의 숯은 조용히 타서 이처럼 사라져 없어졌습니다. 숯이 주위에 있는 공기에 녹아 들어갔다고 해도 좋을 정도입니다. 숯이 완전히 순수한 탄소만으로 이루어졌다면 탄 후에 아무것도 남지 않습니다. 재조차 남지 않습니다. 숯은 열에 의해서는 고체 상태가 변화하지 않으며, 타서 기체가 됩니다. 이 기체는 보통 상태에서는 응결해서 액체가 되거나 고체가 되거나 하지 않습니다."

탄소가 산소 중에서 타면 이산화 탄소만 남습니다. 이산화 탄소가 고체가 된 것을 현대의 우리들은 자주 이용합니다. 바로 드라이아이스입니다.

"주목해야 할 사실은 산소와 탄소가 결합해도 부피가 변하지 않는다는 점입니다. 산소만 있을 때의 부피와 이산화 탄소만 있을 때의 부피는 똑같습니다. 또 다른 실험을 살펴볼까요? 이산화 탄소는 탄소와 산소로 이루어진 화합물이므로 원래 성분으로 분해할 수 있을 텐데요."

가장 쉽고 빠른 방법으로 패러데이는 '이산화 탄소와 반응하여 거기서 산소를 빼앗고, 탄소를 남기는 물질'을 이용하기로 했습니다. "이전에 물을 수소와 산소로 분해할 때 포타슘을 사용했던 것을 기억하시죠? 포타슘은 물에서 산소를 빼앗습니다. 이산화 탄소에도 해 보겠습니다."

패러데이는 이산화 탄소가 채워진 용기를 준비했습니다. "이 안에 정말 이산화 탄소가 있는지 인을 태워서 확인해 보겠습니다. 인은 상당히 잘 타는 물질입니다. 공기 중에서 이처럼 격렬하게 탑니다. 하지만 이산화 탄소 안에 넣으면 꺼져버립니다. 공기 중에 내놓으면 다시 불이 붙습니다. 용기 안은 이산화 탄소로 가득 차 있고 산소가 없다는 것을 확인할 수 있습니다."

다음에 패러데이는 포타슘을 꺼내 공기 중에서 발화시켰습니다. "그러면 이 불이 붙은 포타슘을 용기에 넣어보겠습니다. 보시는 바와 같이 이산화 탄소 안에서 포타슘이 타고 있습니다. 탄다는 것은 산소를 빼앗고 있다는 것입니다. 불이 다 탄 포타슘을 물에 넣어 보겠습니다." 물에서 검은 가루가 생겼습니다 "이것이 이산화 탄소에서 나온 탄소입니다. 흔한 검은 물질입니다. 이산화 탄소가 탄소와 산소로 결합된 물질이라는 것이 완전하게 증명되었습니다. 탄소가 보통 상태에서 탈 때는 항상 이산화 탄소가 발생합니다."

이번에는 석회수가 들어 있는 병에 나뭇조각을 넣습니다. "아무리 흔들어도 병 안은 투명합니다. 이 병 안에서 나뭇조각을 태워보겠습니다. 이산화 탄소가 생길까요? 생겼습니다. 정확하게 말하면 하얀 것은 탄산 칼슘이지만, 탄산 칼슘은 이산화 탄소에서, 이산화 탄소는 탄소에서, 탄소는 나무나 양초 등에서 만들어집니다."

패러데이는 또 다른 병을 준비했습니다. 안은 무색투명합니다. “탄소가 항상 숯의 형태로 존재하는 것은 아닙니다. 양초처럼 탄소를 함유해도 숯이 되지 않는 것도 있습니다. 이 병 안에 가득한 석탄 가스도 태우면 이산화 탄소를 많이 발생시키지만 탄소를 볼 수는 없습니다. 그렇다면지금 탄소가 보이게 해 볼까요? 불을 붙여 보겠습니다. 병 안에 석탄 가스가 있는 동안은 계속 탑니다. 탄소는 보이지 않지요. 하지만 불꽃은 보입니다. 그리고 이 불꽃이 밝은 것으로 봐서 이 불꽃 속에 탄소 가루가 있으며 타고 있다는 것을 상상할 수 있습니다.”

탄소 가루, 즉 고체 그대로 타는 물질이 있어서 불꽃은 밝아진 것입니다. 석탄 가스의 불꽃이 밝게 타는 것을 보고 탄소의 존재를 확인할 수 있었습니다.

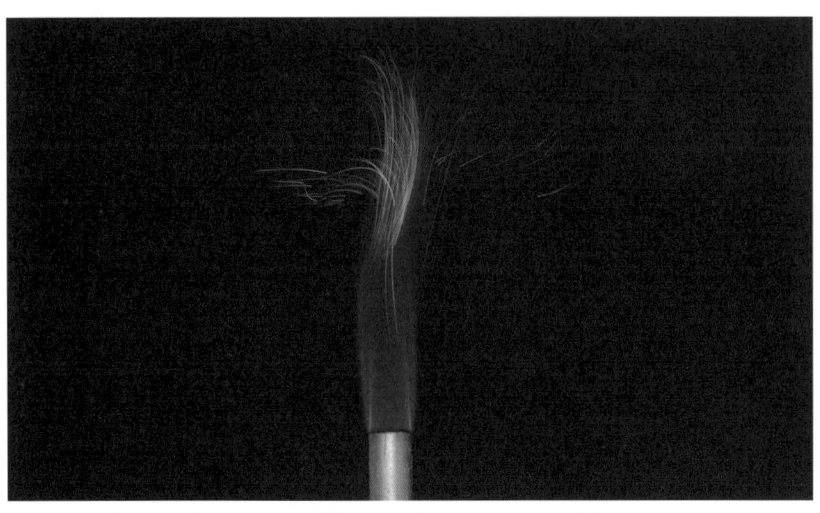

가스버너에 탄소 가루를 불어 넣어도 불꽃을 내면서 타며 고체는 남지 않는다.

타서 없어지는 탄소

패러데이는 강연 도중에 휴식 시간을 넣지 않았습니다. 강연 중간에 쉬면 청중의 관심이 끊긴다고 생각했기 때문입니다. 패러데이는 강연을 계속했습니다.

"탄소는 탈 때 고체 상태 그대로 타지만 타고 난 후에는 고체가 아니라는 사실을 여러분은 잘 보셨습니다. 하지만 이처럼 타는 연료는 거의 없습니다. 석탄, 목탄, 그리고 나무 등 탄소로 이루어진 물질이 이처럼 탑니다. 저는 탄소 외에 이처럼 타는 원소를 알지 못합니다."

"만일 탄소가 이처럼 타지 않는다면 어떻게 될까요? 모든 연료가 철처럼 연소 후에도 고체로 남는다면, 이 난로에는 그와 같은 연료는 사용할 수 없습니다."

목탄, 석탄, 목재는 모두 탄소를 함유하고 있으며 탄소가 탄다. 이들 모두 다 타고 나면 없어지거나 약간의 재가 남을 뿐이다. (사진: istock.com/Givaga 외)

연료가 연소 후에도 남으면, 타고 남은 것을 꺼내야 하는 작업이 필요하므로 굉장히 귀찮겠지요. 패러데이는 납 분말이 들어 있는 유리관을 꺼내서 테이블에 놓아둔 철판 위에서 깨뜨렸습니다. 공기와 접촉한 납은 타기 시작했습니다.

"여기에 탄소와 다른 연료가 있습니다. 탄소와 마찬가지로 잘 탑니다. 실제로 공기와 접촉했을 뿐인데 보시는 바와 같이 불이 붙었습니다. 이 물질은 납입니다. 매우 잘 타지요. 이 관 속의 납은 잘게 부서져 있어서 공기가 표면뿐만 아니라 안쪽까지 들어가므로 잘 탑니다. 하지만 이것이 한 덩어리가 되면 타지 않습니다. 공기가 안까지 닿지 않기 때문입니다. 납은 탈 때 많은 열을 내므로 스토브나 보일러에 사용하고 싶은 물질입니다. 그러나 연소 후의 납은 아직 연소하지 않은 납 표면에 붙어 버립니다. 그러면 연소하기 전의 납은 공기와 접촉할 수 없게 되어 연소가 일어나지 않게 됩니다. 탄소

난로의 연료로 탄소를 많이 함유한 나무를 사용하는 데는 이유가 있다.

와 참 다른 모습이지요."

연소에는 공기 중의 산소가 필요합니다. 탄소는 연소 후 사라지기 때문에 타기 전의 물질이 항상 공기와 접촉하므로 전체가 다 탈 때까지 그 상태가 계속됩니다.

패러데이는 유리관 안에서 타고 있던 납 가루를 전부 철판 위에 꺼냈습니다. 다 타고 남은 납을 모두 모으자 유리관에는 들어갈 것 같지 않았습니다. 납은 타기 전보다 탄 후에 더 많이 남는다는 것을 알 수 있었습니다. "철을 연료로 사용하면 빛을 얻는 것도 열을 얻는 것도 힘듭니다. 인은 태웠을 때 고체 물질이 생겨서 방 안이 연기로 가득 차 버립니다." 탄소가 연료로 매우 적합한 이유를 잘 알 수 있습니다.

● **연료로 적합한 것은 탄소**

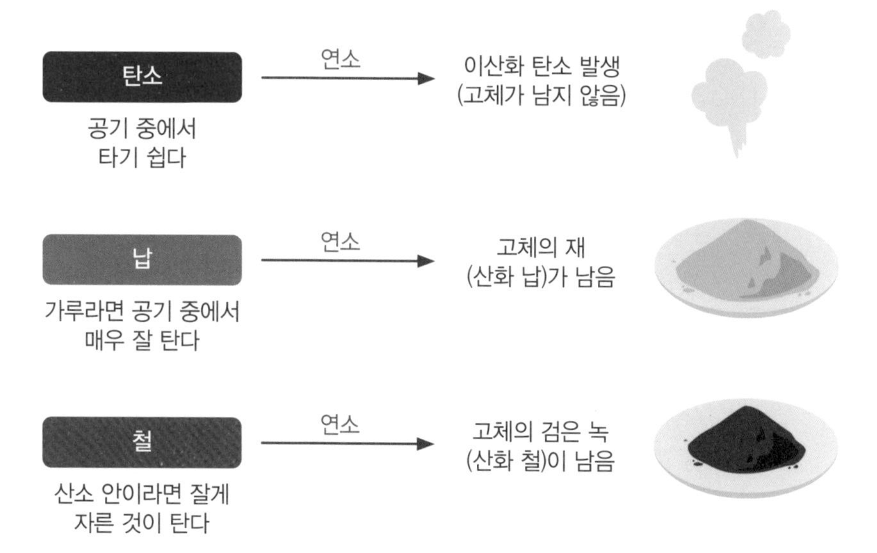

오염된 공기란 

“그럼, 이번에는 양초의 연소와 우리 몸 안에서 일어나는 **생명 유지를 위한** 연소와의 관계에 대해서 이야기해 보겠습니다. 우리 몸 안에서는 양초의 연소와 매우 흡사한 연소 작용이 일어나고 있습니다. 사람의 생명을 양초에 비유하는 것은 결코 시적인 의미만은 아닙니다.”

양초와 우리 몸 안에서 일어나고 있는 것과 관계가 있다는 것은 어떤 의미일까요? 패러데이는 실험으로 이 둘의 관계를 증명해 보입니다.

“여기 두꺼운 나무판자에 홈을 파고 덮개로 덮어서 터널을 만든 뒤, 양쪽 끝에 유리관을 장치하면 공기가 자유롭게 통합니다. 그리고 양초에 불을 붙여서 한쪽 유리관 안에 세우면 보시는 바와 같이 잘 탑니다. 연소에

필요한 공기가 반대쪽 유리관과 판자에 파 놓은 홈을 통과하여 양초가 있는 유리관으로 올라가는 것을 알 수 있습니다. 그런데, 공기가 들어가는 쪽의 입구를 막으면 양초는 꺼져 버립니다. 공기의 공급을 끊었기 때문에 양초가 꺼진 것입니다. 자, 그러면 여러분은 이 사실에 대해서 어떻게 생각하십니까?" 패러데이는 이전에 보여준, 타고 있는 양초에서 나온 이산화 탄소가 다른 양초를 꺼지게 했던 실험을 떠올리게 했습니다.

"타고 있는 양초에서 나오는 공기를 여기로 끌어들이면 양초는 분명 꺼질 것입니다. 하지만 제가 호흡할 때 나오는 기체로 양초의 불꽃을 꺼뜨릴 수 있다고 말씀드린다면 여러분은 뭐라고 말씀하실까요? 불어서 끄는 것이 아닙니다. 제가 숨을 내뱉으면 양초는 탈 수 없게 됩니다."

패러데이는 유리관에 입을 대고 살짝 숨을 내쉬었습니다. 잠시 후, 양초

는 꺼졌습니다. 불꽃은 흔들리지 않았기 때문에 불어서 끈 것은 아니었습니다.

“불꽃은 산소가 부족해져서 꺼진 것입니다. 우리의 폐는 공기로부터 산소를 취합니다. 때문에 제가 내뱉은 숨에는 산소가 부족해서 양초가 계속 탈 수 없었던 것입니다. 제가 보낸 오염된 공기가 이 양초에 도달할 때까지 조금 시간이 걸렸습니다. 양초는 처음에는 잘 탔지만, 제가 내뱉은 공기가 도달하자 꺼지고 말았습니다. 이것은 우리가 하는 연구 중에서도 중요한 부분이기 때문에 다른 실험 하나를 보여드리겠습니다.”

패러데이는 밑바닥이 없는 유리 용기를 준비했습니다. 관이 꽂힌 코르크 마개로 입구를 막은 용기였습니다.

“이 용기에는 신선한 공기가 들어 있습니다. 유리 용기 안의 공기를 일단

제 폐 안에 넣은 다음, 다시 이 병 안에 돌려보내겠습니다. 잘 보십시오."

"저는 우선 공기를 들이마신 다음에 다시 내뱉었습니다. 수면이 일단 올라갔다가 다시 내려간 것을 보셔서 아시겠지요. 그렇다면 이번에는 양초를 넣겠습니다. 불이 꺼졌습니다. 안의 공기가 어떻게 되었는지 이 실험으로 확실하게 아셨으리라 생각합니다. 겨우 한 번의 호흡이 이렇게 공기를 오염시키는 것입니다."

단 한 번의 호흡으로도 양초의 불이 꺼질 만큼 산소가 줄어들고 이산화탄소가 증가한다는 것을 알았습니다.

"호흡에 의해 무슨 일이 생기는지를 조금 더 확실하게 보여드리기 위해 석회수를 사용해서 살펴보겠습니다. 이 플라스크에는 석회수가 들어 있으며 뚜껑에는 두 개의 유리관을 꽂아 두었습니다. 유리관 한쪽 끝

은 석회수에 충분히 담겨 있고, 다른 유리관 한쪽 끝은 담겨 있지 않습니다."

패러데이는 우선 한쪽 끝이 석회수 안에 담겨 있지 않은 유리관을 입에 물고 공기를 빨아들였습니다. 바깥쪽 공기는 석회수 안을 통과하여 패러데이 폐로 빨려 들어갔습니다. 석회수에는 아무런 변화도 일어나지 않았습니다.

다음에 패러데이는 한쪽 끝이 석회수에 담긴 유리관을 입에 물고 숨을 내뱉었습니다. 몇 번 내뱉었더니 석회수는 우윳빛으로 변했습니다. "우리의 호흡으로 공기가 오염되는 것은 이산화 탄소 때문이라는 것을 알게 되었습니다. 그 증거로 석회수와 이산화 탄소가 접촉한 결과가 눈앞에 있기 때문입니다."

석회수가 들어 있는 플라스크. 두 개의 유리관 대신 빨대를 이용했다. 오른쪽 빨대 끝은 석회수 안에 집어넣고 왼쪽 끝은 넣지 않았다.

왼쪽 빨대를 입에 물고 플라스크 안의 공기를 빨아들인다. 오른쪽 빨대로 플라스크 바깥쪽 공기가 들어와서 석회수를 통과하여 플라스크 안으로 들어간다. 석회수는 변하지 않는다.

오른쪽 빨대를 입에 물고 숨을 내뱉는다. 내뱉은 숨은 석회수를 통과하여 플라스크 안에 들어갔다가 바깥으로 나온다.

숨을 계속 내뱉으면 점점 석회수가 하얗게 흐려진다.

내뱉은 숨에 포함된 이산화 탄소에 의해서 하얗게 흐려진 석회수.

우리와 양초의 관계

우리가 내쉬는 공기에는 이산화 탄소가 포함되어 있다는 것을 알았습니다. 공기 중의 이산화 탄소 양은 약 0.04%입니다. 한편, 호흡하면서 내뱉은 숨에 있는 이산화 탄소는 약 4%입니다. 질소의 양은 변하지 않기 때문에 공기 중에 약 20% 있었던 산소 중에서 4%가 체내에서 이산화 탄소로 변한 것이 됩니다.

"산소가 20% 포함된 공기를 들이마시고 이산화 탄소가 많은 기체를 내뱉는 과정이 우리 몸 안에서 낮이나 밤이나 잠시도 쉬지 않고 일어나고 있습니다. 이러한 작용 없이는 우리는 살아갈 수 없습니다. 만물의 창조주가 우리의 의지와는 관계없이 우리 몸 안에서 이러한 일련의 과정, 즉 호흡을 하도록 하신 것입니다. 우리는 잠깐 동안은 숨을 멈출 수 있지만, 오랜 시간 숨

● **들숨과 날숨의 구성**

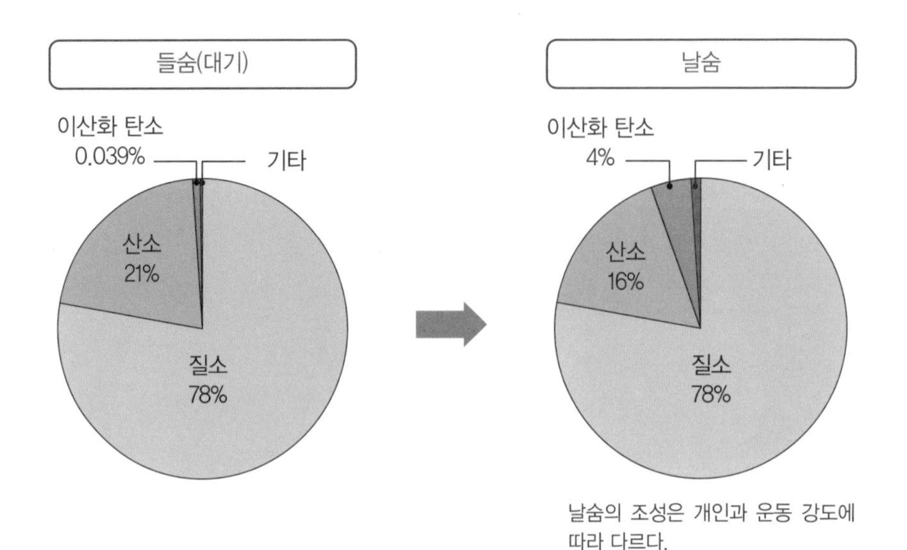

날숨의 조성은 개인과 운동 강도에 따라 다르다.

을 멈추면 죽고 맙니다. 우리가 자고 있을 때도 호흡 기관과 그와 관련된 기관은 끊임없이 계속 일하고 있습니다. 특히 공기가 폐 속에 들어가 산소와 이산화 탄소를 바꾸는 호흡 과정은 우리에게 있어서 꼭 필요한 일입니다."

우리가 마시는 공기는 기관을 통해서 폐로 들어갑니다. 폐에는 직경 0.2mm 정도의 작은 주머니 모양의 폐포(허파꽈리)가 3억 개 이상이나 모여 있습니다. 폐포의 표면적은 합계 100제곱미터(㎡)에 달한다고 알려져 있습니다. 그 폐포를 모세 혈관이 둘러싸고 여기서 산소와 이산화 탄소의 교환이 이루어집니다. 한 번의 호흡량은 약 0.5L로, 3초에 한 번 호흡한다고 했을 때 하루의 호흡 횟수는 2만 8800회, 하루의 호흡량은 1만 4400L에 달합니다.

"우리는 음식을 먹습니다. 음식은 우리 몸 안의 여러 소화 기관을 통과합니다. 그리고 소화 기관에서 소화되고 변화한 영양분은 혈관 속으로 들어가서 폐까지 운반됩니다. 한편 우리가 들이마신 공기는 호흡 기관을 통

● **호흡의 구조**

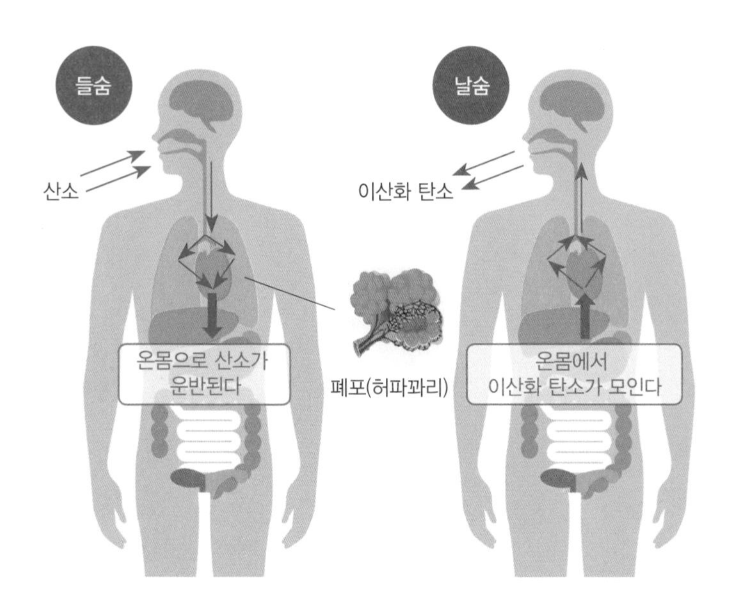

해서 폐로 운반되어 내뱉어 집니다. 폐에서 소화 기관으로부터 온 혈관과 공기를 흡수한 관은 아주 얇은 막을 사이에 두고 접촉합니다. 여기서 공기가 혈액에 작용하는 것입니다."

"양초는 공기 중의 산소와 화합하여 이산화 탄소를 만들고 열도 만들어 냅니다. 마찬가지로 우리 몸의 폐 안에서도 이와 같은 신기하고 굉장한 변화가 일어나고 있습니다. 폐로 들어간 산소는 탄소와 화합하여 이산화 탄소가 되고 몸 밖으로 배출됩니다. 그러므로 우리가 먹는 음식은 연료라는 결론이 나옵니다."

패러데이는 여기서 설탕을 예로 들어 설명했습니다. "설탕은 양초와 마찬가지로 탄소와 수소, 산소의 화합물입니다. 양초에 포함되어 있는 것과 같은 원소들이지만 무게 비율이 다릅니다."

● 패러데이가 나타낸 표(무게 비율)

SUGAR. 설탕		
Carbon, 탄소	72	
Hydrogen, 수소	11	99
Oxygen, 산소	88	

"설탕은 탄소가 72, 수소가 11, 산소가 88로 이루어져 있습니다. 상당히 흥미롭게도 수소와 산소가 1:8이라는 비율은 물을 만들 때의 비율과 똑같습니다. 때문에 설탕은 72의 탄소와 99의 물로 이루어져 있다고도 말할 수 있습니다. 설탕 속의 탄소가 호흡을 통해서 운반된 공기 중의 산소와 화합하는 것입니다. 탄소와 산소가 화합한다는 아름답고 단순한 작용에 의해, 양초와 마찬가지로 열을 낼 뿐만 아니라 우리의 생명이 유지되는 굉장한

흰 설탕. 포도당과 과당으로 생긴 자당이 98% 정도를 차지한다. 자당의 분자식은 $C_{12}H_{22}O_{11}$이며, 원소인 C, H, O의 무게 비율은 42.1:6.4:51.5가 되어 패러데이의 수치와 거의 같다.

흰 설탕에 진한 황산을 넣으면 진한 황산은 설탕에서 물을 빼앗는다. 이때 열이 발생한다.

진한 황산에 의해 탈수되어 탄소 덩어리가 된 흰 설탕. 탈수 시 발열하기 때문에 연기도 나온다.

결과를 낳습니다."

그리고 패러데이는 더욱 이해하기 쉽도록 설탕을 사용한 실험을 시작했습니다. "설탕에 황산을 넣으면 황산은 설탕 안의 물을 빼앗아 탄소가 검은 덩어리로 남습니다."

"보시는 것처럼 탄소가 생겼습니다. 이것은 전부 설탕에서 나온 것입니다. 여러분이 이미 알고 계시듯 설탕은 먹는 것입니다. 그런데 여기에 완전히 고체인 탄소 덩어리가 생겼습니다. 여러분, 상상도 못하셨지요. 설탕에서 생긴 이 덩어리를 산화시켜 보겠습니다. 여기 계신 여러분 모두 깜짝 놀라실 겁니다."

이렇게 말하고 패러데이는 산화제를 꺼냈습니다. "산화제를 탄화한(시커멓게 변한) 설탕에 섞습니다. 자, 보세요. 연소, 즉 탄소의 산화가 시작되었습니다." 설탕에서 얻은 탄소는 타기 시작했습니다. 그리고 탄소는 이산화 탄소가 되어 공기 중으로 사라져 갔습니다.

"우리 폐 안에서 공기 중의 산소를 사용하여 이루어지는 산화가 여기서는 산화제에 의해서 매우 빠르게 일어났습니다. 연소나 호흡이 이루어질 때 반드시 일어나는 탄소의 변화는 정말 굉장하고 대단합니다!"

대기의 위대한 작용 

양초의 연소 과정에서 일어나는 일과 우리의 호흡 과정에서 일어나는 일은 이처럼 같았습니다. 패러데이는 계속 설명을 이어갔습니다.

"한 사람이 24시간 동안 호흡하면 약 200g의 탄소가 이산화 탄소로 변화합니다. 젖소와 말은 호흡으로 각각 2kg, 2.3kg의 탄소를 이산화 탄소로 바꿉니다. 다시 말해서 말은 24시간 동안 2.3kg의 탄소를 태워서 체온을 유지하는 것입니다. 모든 항온 동물은 이처럼 탄소를 변화시켜서 체온을 유지합니다."

"대기 중에서 끊임없이 일어나는 이러한 변화는 놀랄 만한 양이 됩니다. 런던만 생각했을 때, 24시간 동안 2,500톤의 이산화 탄소가 호흡으로 만들어지고 있습니다. 이것은 도대체 어디로 갈까요? 바로 공기 중으로 갑니다."

패러데이가 강연했던 시대에 런던은 세계 최대의 도시로 인구는 약 230만 명에 달했습니다. 이동 수단으로는 증기 기관차와 마차가 주로 사용되고 있었습니다. 이산화 탄소의 배출량도 다른 도시와는 비교도 되지 않을 만큼 많았을 겁니다.

"만일 탄소가 조금 전에 보셨던 납이나 철처럼 타고 난 후에 고체 물질을 만들어낸다면 어떤 일이 일어날까요? 연소가 계속될 수 없을 겁니다. 하지만 탄소는 타서 기체가 되어 대기 중에 섞입니다. 대기는 위대한 운반자가 되어 기체가 된 탄소를 멀리 이동시켜 줍니다."

"우리에게는 유해한 이산화 탄소이지만 지구상의 식물이 성장하는 데는 없어서는 안 될 물질입니다. 육지뿐만 아니라 물속에서도 같은 일이 일어납니다. 물고기나 다른 수중 생물은 공기와 직접 접촉하지 않지만 거의 같은 원리로 호흡을 하고 있습니다."

여기서 패러데이는 어항을 꺼냈습니다. 19세기 일본과 유럽에서는 금붕어를 기르는 것이 유행이었다고 합니다.

"이 금붕어도 공기로부터 물에 녹아든 산소를 마시고 이산화 탄소를 내뱉습니다. 탄소와 산소는 이산화 탄소를 만들어내는 동물계와 산소를 만들어내는 식물계를 왔다 갔다 하는 것입니다."

다음에 패러데이는 나뭇잎과 나뭇조각을 꺼냈습니다. "지구상에서 자라는 모든 식물은 모두 이산화 탄소를 흡수합니다. 이 나뭇잎 역시 우리가 이산화 탄소의 형태로 내뱉은 탄소를 공기로부터 받아들여 성장하고 있습니다. 식물에게 우리가 들이마시는 순수한 공기를 주어 보십시오. 식물은 살지 못합니다. 다른 것과 함께 탄소를 공급해야 식물은 생기 있게 자랍니다. 이 나뭇조각에 포함된 탄소 역시 다른 나무나 풀과 마찬가지로 대기로부터 받은 것입니다."

"대기는 우리에게는 **독**으로 작용하는 이산화 탄소를 식물에게 **양식**으로 운반해줍니다. 이산화 탄소는 우리에게는 질병을 일으키지만 식물에게는 건강을 줍니다. 이처럼 우리 인간은 인간끼리 서로 의지할 뿐만 아니라 다른 생물과도 서로 의지하며 살아갑니다. 모든 생명체는 각자 만들어내는 것이 다른 생물에게 도움을 준다는 법칙과도 연결되는 것입니다."

그리고 드디어 패러데이의 강연은 마무리 단계에 이르렀습니다.

금붕어도 산소를 마시고 이산화 탄소를 내뱉는다. 식물은 이산화 탄소를 흡수한다.

강연을 마무리하면서 

"제 이야기를 마치기 전에 한 가지 더 말씀드리고 싶은 것이 있습니다. 조금 전에 납이 연소하는 것을 보셨는데, 납 가루는 공기와 접촉하자마자 바로 타기 시작했습니다. 이것은 **화학 친화력***chemical affinity*에 의한 것입니다. 지금까지 보여드린 모든 반응은 화학 친화력에 의해서 일어난 것입니다. 우리가 호흡을 할 때도 몸 안에서 화학 친화력에 의한 반응이 일어납니다."

패러데이는 여기서 '화학 친화력'을 다른 물질끼리 서로 반응하여 화합물을 만들어내는 의미로 사용한 것 같습니다.

"양초를 태울 때는 화학 친화력이 작용합니다. 납이 연소할 때도 마찬가지입니다. 납은 연소 후에 물질이 표면에 달라붙어 버려서 산소와의 반응이 진행되지 않기 때문에 탈 수 없게 됩니다. 만일 연소 후의 생성물이 표면에서 없어지면 납은 끝까지 계속 탈 수 있겠지요."

연소를 계속하는 탄소와 연소 도중에 멈춰 버리는 납. 이외에 탄소와 납은 연소가 시작되는 방식도 다릅니다. 패러데이는 서기 79년에 베수비오 화산이 분화하여 폼페이처럼 매몰된 헤르쿨라네움에서 발굴된 책을 예로 들었습니다.

"납은 공기와 접촉하면 바로 타기 시작하는 데 비해서 탄소는 공기와 접촉해도 며칠, 몇 주, 몇 개월, 몇 년이 지나도 변화하지 않습니다. 헤르쿨라네움에서 발굴된 오래된 책은 탄소로 만든 잉크로 쓰여 있었는데, 1800년 이상이 경과되는 동안 공기에 접촉을 했는데도 변화가 없었습니다."

"연료로 사용하기에 알맞은 탄소가 불을 붙일 때까지 타기를 기다려 준다는 것은 놀라운 일입니다. 공기에 접촉하자마자 바로 타기 시작하는 것은 납 이외에도 많이 있습니다만, 탄소는 그렇지 않습니다. 흥미롭고 굉장한 일이지요."

패러데이는 다시 일본 전통 양초를 꺼냈습니다. "양초는 바로 타지 않고, 변화하지도 않으며, 몇 년, 몇 백 년이나 기다려 줍니다."

서기 79년 베수비오 화산(이탈리아)의 분화에 의해 땅에 묻힌 헤르쿨라네움 유적. 1709년에 발견되었는데, 화산 근처에 있었기 때문에 퇴적물이 많아 발굴이 많이 이루어지지 않았다. (사진: isock.com/porpjnicu)

불이 붙여지기를 기다리고 점화되어서야 비로소 타는 것이 양초이다.

"여기에 석탄 가스가 있습니다. 가스가 나오고 있지만 보시는 것처럼 불은 붙지 않습니다. 공기 중으로 나가지만 열을 충분히 받기 전까지는 불이 붙는 것을 기다렸다가 충분히 열을 받아야만 비로소 불이 붙습니다. 바람이 불어 꺼지면 다시 열이 가해질 때까지 불은 붙지 않습니다. 이처럼 물질에 따라서 기다리는 방식이 다르다는 것이 흥미롭습니다. 아주 조금 온도가 오르기만을 기다리는 물질이 있는가 하면, 온도가 충분히 오르기를 기다리는 물질도 있습니다."

패러데이는 마지막 실험에 들어갔습니다. 준비한 것은 가루 상태의 흑색 화약과 하얀 면처럼 보이는 면화약입니다. 면화약은 질산과 황산을 섞은 것에 면을 반응시켜서 만듭니다. 둘 다 상당히 타기 쉬운 물질입니다.

"여기에 있는 것은 흑색 화약과 면화약입니다. 양쪽 모두 바로 타지는 않고 충분히 열이 가해질 때까지 기다립니다. 하지만 타기 시작하는 온도는 다릅니다. 불에 달군 철사를 양쪽에 접촉시켜서 어느 쪽이 먼저 타는지를 시험해 보겠습니다."

면화약(왼쪽)은 면에 황산과 질산을 첨가하여 니트로셀룰로오스로 만든 것. 흑색 화약(오른쪽)보다 낮은 온도에서 연소 · 폭발한다.

불에 달군 철사를 면화약에 가까이 대자 폭발했습니다. 한편 흑색 화약에 철사를 넣어도 불이 붙지 않습니다. 흑색 화약도 면화약도 타는 것은 '탄소'입니다. 하지만 같은 온도에서 면화약은 타고 흑색 화약은 타지 않았습니다.

"상태의 차이에 따라서 물질이 타기 시작하는 온도가 다르다는 것을 얼마나 아름답게 보여주고 있습니까! 어떤 상태에서는 열에 의해서 활성화될 때까지 계속 기다립니다. 하지만 다른 상태, 예를 들면 호흡을 할 때에는 기다리지 않습니다."

"폐 안에 공기가 들어가면 바로 탄소와 산소가 화합합니다. 꽁꽁 어는 추위에서도 호흡에 의해서 바로 이산화 탄소를 발생합니다. 모든 것이 알맞게 그리고 맞춰서 움직입니다. 호흡과 연소가 유사하다는 사실이 놀랍고 굉장하다는 것을 잘 아셨으리라 생각합니다."

모든 생명체의 삶이 자신과 관련이 있다는 것, 그리고 양초의 연소와 자신의 호흡이 서로 관계가 있다는 것을 다양한 실험을 통해서 밝혀 보았습니다. 마지막으로 패러데이는 양초와 청중 한 사람, 한 사람을 서로 연결지어 이야기합니다.

"강연을 마치기 전에 여러분께 부탁 말씀을 드리고 싶습니다. 여러분! 여러분의 시대가 왔을 때 한 자루의 양초와 같은 사람이 되어 주세요. 여러분의 모든 행위가 함께 살아가는 사람들에게 의무를 다하고, 고결하고 도움이 되도록 하십시오. 그래서 작은 양초인 자신의 아름다움을 증명해 주었으면 하고 바랍니다. 양초와 같이 환하게 빛나고, 주위를 밝혀주실 것을 부탁드립니다."

부록

전체 강연에서 생긴 일

패러데이의 강연에서는 다양한 화학 반응이 소개되었습니다. H나 O와 같은 원소 기호도 때때로 등장하지만, 현재 우리가 아는 화학식은 나오지 않습니다. 왜냐하면, 당시에는 '수소와 산소로 물이 생긴다'라는 사실은 알았지만, '수소 원자와 산소 원자로 물 분자가 구성된다($2H_2 + O_2 \rightarrow 2H_2O$)'라는 주장은 연구자들 사이에서 막 받아들여지기 시작했기 때문입니다. 여기서는 주요 실험과 현상에 관하여 화학식을 이용해서 되짚어 보겠습니다.

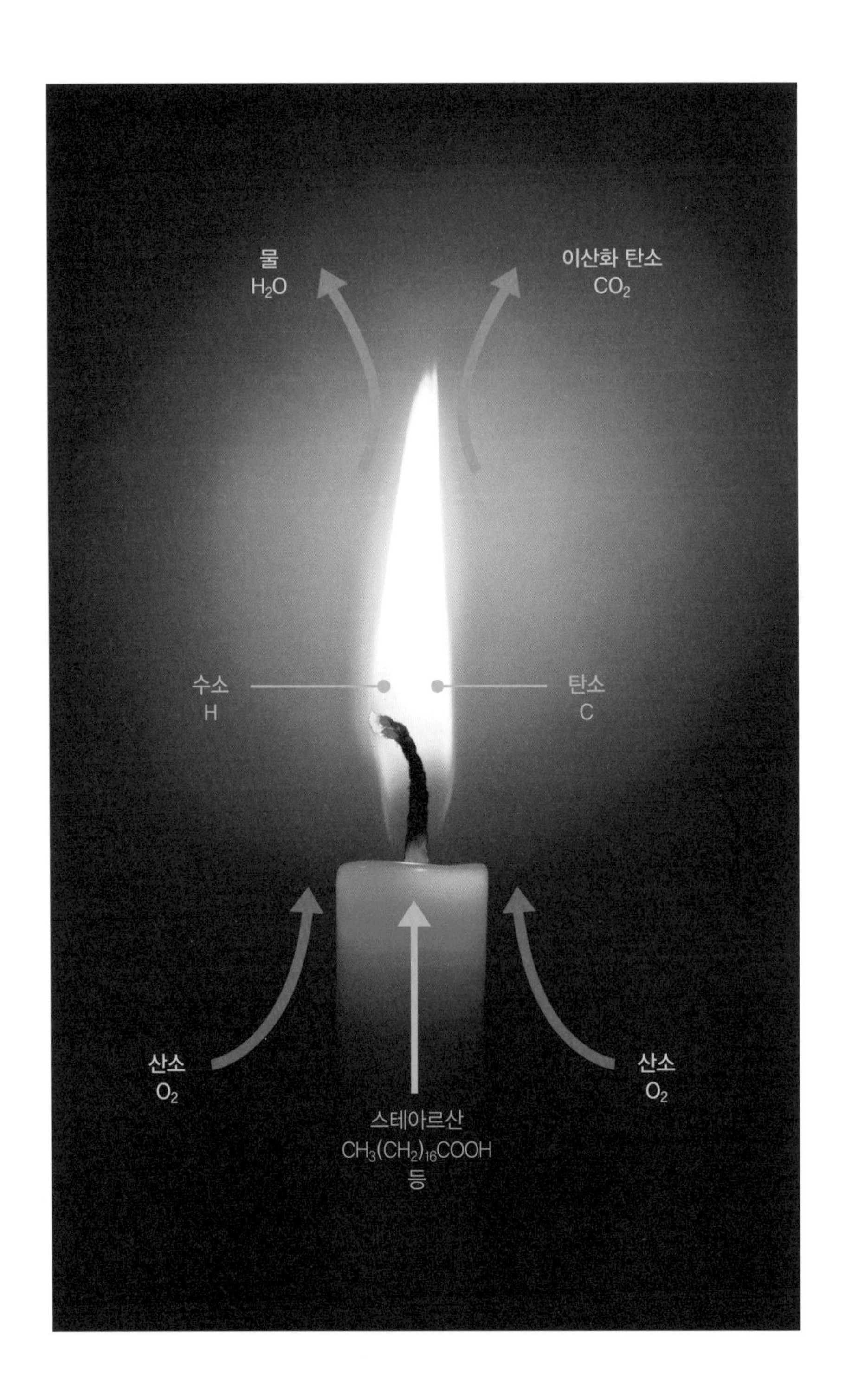
물
H_2O
이산화 탄소
CO_2
수소
H
탄소
C
산소
O_2
산소
O_2
스테아르산
$CH_3(CH_2)_{16}COOH$
등

탄소와 수소를 함유한 물질의 연소

강연에서 반복하여 등장하는 양초, 나뭇조각, 목면, 기름에는 탄소와 수소가 함유되어 있다. 이들은 불꽃을 내면서 타고, 이산화 탄소와 물을 발생시킨다. 단, 산소가 충분하지 않아 탄소가 불완전 연소하면 일산화 탄소가 발생한다. 일산화 탄소는 혈액 속의 헤모글로빈과 매우 결합하기 쉽다. 일산화 탄소가 많아지면 헤모글로빈이 산소와 결합을 못하게 되어 산소 결핍 상태가 되기 때문에 상당히 위험하다.

① 탄소의 완전 연소: $C + O_2 \rightarrow CO_2$
①' 탄소의 불완전 연소: $2C + O_2 \rightarrow 2CO$
② 수소의 연소: $2H_2 + O_2 \rightarrow 2H_2O$

양초의 성분

p.16

18세기 무렵까지 초의 원료로 자주 사용되던 우지에는 여러 가지 지방산이 함유되어 있다. 지방산이란 긴 사슬 모양으로 이어진 탄화수소에 카복실기(COOH)가 붙은 것이다. 우지 속의 지방산에는 스테아르산, 올레인산, 팔미트산 등이 있다.

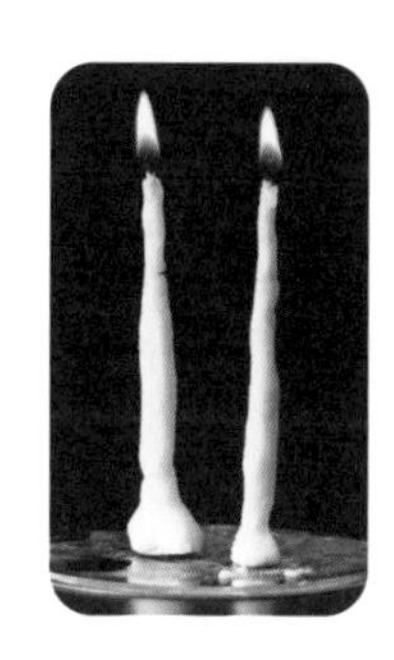

① 스테아르산: $CH_3(CH_2)_{16}COOH$
프랑스의 화학자 게이뤼삭(Gay–Lussac) 등에 의해서 우지에서 추출 방법이 개발되어 패러데이 시대에는 양초의 원료로 널리 사용되었다. 우지로 만든

양초는 끈적끈적하며 초가 흘러내리면 기름이 배어나와 주변을 더럽힌다. 하지만 스테아르산의 양초는 끈적이지 않고 흘러도 굳기 때문에 떼어내면 깨끗해진다.

② 올레인산: $CH_3(CH_2)_7CH=CH(CH_2)_7COOH$
동물성 지방이나 올리브오일 등의 식물성 기름에 함유되어 있다.

③ 팔미트산: $CH_3(CH_2)_{14}COOH$
우지에도 함유되어 있지만 일본 전통 양초의 원료인 옻나뭇과의 식물 열매에 많이 들어 있다.

알코올의 연소

p.34

실험용 알코올은 메탄올과 에탄올의 혼합물이며, 브랜디 등 마시는 알코올은 에탄올이 주성분이다. 연소하면 양쪽 모두 이산화 탄소와 물이 만들어진다.

① 메탄올: $2CH_3OH + 3O_2 \rightarrow 2CO_2 + 4H_2O$
② 에탄올: $C_2H_5OH + 3O_2 \rightarrow 2CO_2 + 3H_2O$

철의 연소

p.51, 106

철은 불티를 내며 탄다.

$2Fe + O_2 \rightarrow 2FeO$

석회와 불꽃

p.56

양초에는 탄소가 고체로 존재하고 있기 때문에 태웠을 때 밝게 보이지만, 산소와 수소의 불꽃, 가스버너의 불꽃에는 고체로 타는 것이 없어서 어둡게 보인다. 그 불꽃 속에 고체인 생석회를 넣으면 생석회가 고온이 되어 백열광을 내고 밝아진다. 생석회는 CaO이지만 이것이 변화하는 것은 아니다.

아연의 연소

p.59

아연은 청록색의 불꽃을 피우며, 흰색 연기를 내면서 탄다.

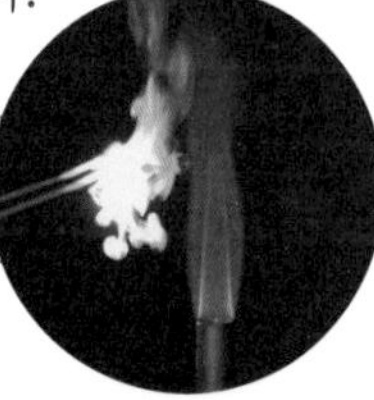

$$2Zn + O_2 \rightarrow 2ZnO$$

물과 포타슘의 반응

p.66, 81, 108

포타슘은 산소와 상당히 결합하기 쉽다. 때문에 물 분자에서 산소를 빼앗아 수소를 발생시킨다.

$$2K + 2H_2O \rightarrow 2KOH + H_2$$

철과 산소의 반응

p.81, 84

철을 물과 천천히 반응시키면 붉은 녹(산화 철Ⅲ)이 생기고, 수증기와 반응시키면 검은 녹(사산화 삼철)이 생긴다.

① 붉은 녹의 경우: $2Fe + 3H_2O \rightarrow Fe_2O_3 + 3H_2$
② 검은 녹의 경우: $3Fe + 4H_2O \rightarrow Fe_3O_4 + 4H_2$

수소의 연소

p.85, 91

소량의 수소에 불을 붙이면 작은 소리를 내면서 탄다.

$2H_2 + O_2 \rightarrow 2H_2O$

아연과 산의 반응

p.89, 91

묽은 황산 또는 묽은 염산에 의해서 수소가 발생한다.

① 황산의 경우: $Zn + H_2SO_4 \rightarrow ZnSO_4 + H_2$
② 염산의 경우: $Zn + 2HCl \rightarrow ZnCl_2 + H_2$

구리를 질산으로 녹이다

p.98

질산에 금속 구리가 녹아서 구리 이온이 되면 청색이 된다. 진한 질산을 사용하면 적갈색의 이산화 질소가, 묽은 질산을 사용하면 무색투명한 일산화 질소가 발생한다. 일산화 질소는 공기 중의 산소와 반응하여 이산화 질소가 된다(➜p 176).

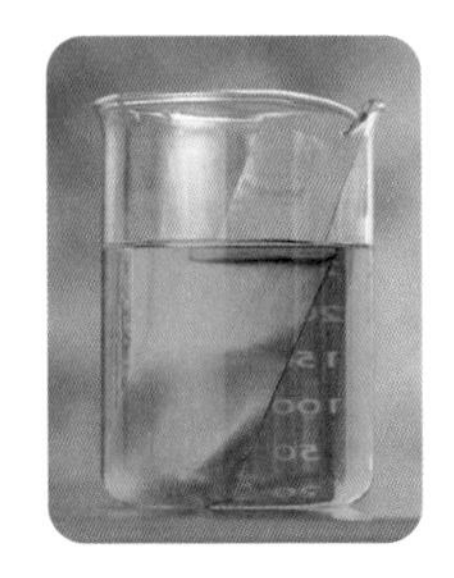

① 진한 질산의 경우:

$Cu + 4HNO_3 \rightarrow Cu(NO_3)_2 + 2NO_2 + 2H_2O$

② 묽은 질산의 경우:

$3Cu + 8HNO_3 \rightarrow 3Cu(NO_3)_2 + 2NO + 4H_2O$

구리 도금

p.100

(-)극에서는 구리 이온이 전자를 받아서 구리가 된다. (+)극에서는 물이 분해되어 산소가 발생한다.

① (−)극: $Cu^{2+} + 2e^- \rightarrow Cu$

② (+)극: $2H_2O \rightarrow O_2 + 4H^+ + 4e^-$

물의 전기 분해

p.102

(-)극에서는 수소가 발생하며 (+)극에서는 산소가 발생한다. 전체로 봤을 때, 수소가 산소의 2배 발생한다.

① (−)극: $2H_2O + 2e^- \rightarrow H_2 + 2OH^-$

② (+)극: $4OH^- \rightarrow O_2 + 2H_2O + 4e^-$

③ 전체: $2H_2O \rightarrow 2H_2 + O_2$

이산화 망가니즈와 염소산 포타슘의 반응

p.104

산소를 얻기 위해서 패러데이가 사용한 방법이다. 현재는 이산화 망가니즈와 과산화 수소수를 반응시켜서 산소를 발생시키는 방법이 잘 알려져 있다. 모두 이산화 망가니즈(MnO_2)는 촉매로 작용하고 자신은 변하지 않는다.

① 염소산 포타슘의 분해: $2KClO_3 \rightarrow 2KCl + 3O_2$
② 과산화 수소수의 분해: $2H_2O_2 \rightarrow 2H_2O + O_2$

일산화 질소와 산소의 반응

p.110

일산화 질소는 산소와 매우 반응하기 쉬우며 산소와 반응하여 이산화 질소가 된다. 일산화 질소는 물에 녹지 않지만, 이산화 질소는 물에 녹기 쉽다.

① 산소와의 반응: $2NO + O_2 \rightarrow 2NO_2$
② 물에 녹였을 경우:
$2NO_2 + H_2O \rightarrow HNO_3 + HNO_2$

석회수 만들기

p.126

생석회(CaO)를 물과 섞으면 수산화 칼슘 용액(석회수)이 된다. 강한 알칼리성이기 때문에, 눈에 들어가지 않도록 주의해야 한다.

$CaO + H_2O \rightarrow Ca(OH)_2$

석회수와 이산화 탄소의 반응

p.126, 154

석회수에 이산화 탄소를 불어 넣으면 탄산 칼슘이 생기며 하얗게 흐려진다. 조개류는 바닷속의 탄산 칼슘을 이용하여 조개껍질을 만든다.

$$Ca(OH)_2 + CO_2 \rightarrow CaCO_3 + H_2O$$

대리석과 염산의 반응

p.128

대리석은 탄산 칼슘으로 이루어져 있다. 염산에 닿으면 이산화 탄소를 발생하면서 녹는다. 또 대리석은 식초와도 반응하기 때문에 대리석을 사용한 부엌에서는 주의할 필요가 있다.

$$CaCO_3 + 2HCl \rightarrow CaCl_2 + H_2O + CO_2$$

탄소의 연소

p.142

탄소의 연소에 사용되는 산소와 생성물인 이산화 탄소의 부피는 변하지 않는다.

$$C + O_2 \rightarrow CO_2$$

인의 연소

p.145

인을 결정화하는 방법은 여러 종류가 있다. 사면체 구조를 띠는 백색의 인(P_4)은 자연 발화하기 쉽다.

$$4P + 5O_2 \rightarrow P_4O_{10}$$

납의 연소

p.148

납은 무른 금속이다. 연소로 생긴 일산화 납은 황백색의 가루이며, 예로부터 안료(화장품)로 이용되어 왔다.

$$2Pb + O_2 \rightarrow 2PbO$$

호흡

p.156

인간을 비롯한 포유류의 몸 안에는 적혈구 속의 헤모글로빈이 산소와 이산화 탄소를 운반하고 있다. 폐에서 산소와 결합한 헤모글로빈은 혈관을 통해서 몸 안의 세포에 산소를 운반하고 이산화 탄소를 받아 폐로 돌아간다. 폐에서 헤모글로빈은 이산화 탄소를 방출하고 산소와 결합한다. 세포 내에서는 포도당과 산소로부터 에너지원이 되는 아데노신삼인산(ATP)이 만들어지며 동시에 이산화 탄소와 물이 생겨난다.

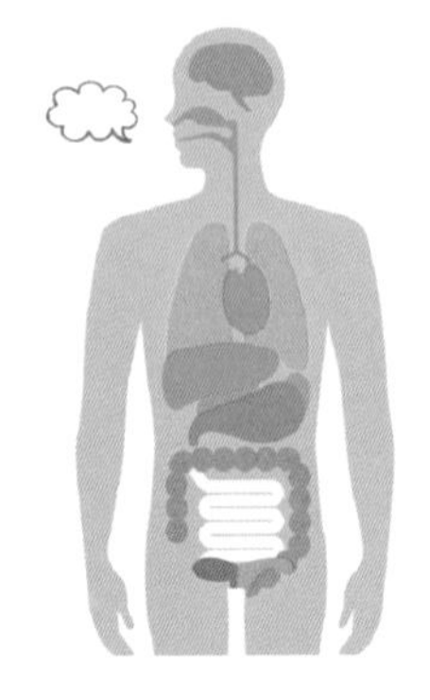

$$C_6H_{12}O_6 + 6O_2 \rightarrow 6CO_2 + 6H_2O + ATP$$

설탕과 황산의 반응

p.161

설탕에 진한 황산을 부으면 탈수 반응이 일어난다. 이 물과 진한 황산이 반응하여 열이 발생하고 물은 수증기가 된다. 이 때문에 검은 물체(탄소)가 뭉게뭉게 부풀어 오르는 것처럼 보인다.

$$C_6H_{12}O_6 \rightarrow 6C + 6H_2O$$

광합성

p.163

식물은 엽록체 안에서 태양 에너지를 사용하여 이산화 탄소와 물에서 탄수화물과 산소를 만들어낸다. 이것을 광합성이라고 한다. 식물 자신도 호흡을 할 때는 산소가 필요하다. 태양이 있는 낮 동안에는 광합성에 의해 만들어진 산소의 양이 소비하는 산소의 양보다 많다. 하지만 밤 동안에는 광합성이 이루어지지 않기 때문에 산소만 소비하게 된다.

$$6CO_2 + 6H_2O \rightarrow C_6H_{12}O_6 + 6O_2$$

나가는 말

『The Chemical History of a Candle』은 마이클 패러데이가 청소년들을 위해 크리스마스 때 강연했던 강연 기록이다. 패러데이는 강연에서 양초가 탈 때 생기는 화학적, 물리적 현상과 그에 따른 변화를 실험으로 보여주면서 설명했다. 이러한 강연 내용을 윌리엄 크룩스가 과학 잡지의 편집자로 일하던 젊은 시절에 패러데이의 동의를 얻어서 기록하고 출판한 것이다. 윌리엄 크룩스는 이후에 저명한 물리학자로 이름을 알렸다.

이 책은 세계 각국의 언어로 번역되어 청소년의 과학 교육에 큰 힘을 발휘해 왔다. 일본에서는 야지마 스케도시矢島祐利가 1933년에 번역하여 이와나미岩波문고에서 출판되었으며, 그 후 많은 사람들이 번역하였다.

세계적인 명저라는 평판을 익히 들어서 학생 때부터 몇 번이나 완독에 도전했지만 뜻을 이루지 못했다. 비유가 적절하지 못하지만 이 책은 마른 오징어와 같다는 생각이 든다. 입에 넣기 전에는 구운 냄새가 맛있게 진동하여 식욕을 자극하지만 너무 단단해서 씹기가 어려운데, 입 안에서 오물오물하다 보면 점점 부드러워져서 풍미를 느낄 수 있다. 맛을 느끼기도 전에 도중에 손을 뗄 수밖에 없는 이유가 개인마다 다르겠지만 크게 두 가지가 있다고 본다.

첫 번째는 양초 그 자체이다. 1860년의 크리스마스에 시작되어 이듬해에 걸쳐서 총 6번의 강연이 이루어지던 당시, 양초는 가정에서 밤에 불을 밝히는 필수품이었고 그만큼 친근한 것이었다. 하지만 현대에는 양초를 사용할 기회가 적어졌다. 생일 파티 케이크에 장식할 때나 종교 행사에서 사용되는 정도이다. 또 재해 비상용품의 필수품이었던 양초와 성냥은 화재의 위험성이 커서 성능이 좋고 오래가는 LED 손전등을 더 권장하게 되었다.

두 번째는 보여주는 실험을 포함하여 강연을 들을 때의 느낌과 그 내용을 문자화한 책, 특히 실험 부분을 읽을 때 받는 느낌이 다르다는 점이다. 패러데이는 실험을 보여줄 때에도 실물의 양초와 실험 기구들을 청중이 잘 볼 수 있도록 하면서 강연을 했다. 따라서 그림이나 사진 등은 필요가 없었을 것이다. 원서에는 몇 개의 인쇄 그림이 실려 있지만 강연록이니만큼 문자만으로는 충분히 이해하기가 어렵다. 강연록의 속기를 바탕으로 출판한 크룩스 자신도 이 점을 생각해서 몇 개의 그림을 추가로 넣었고, 이후 개정판에도 상당히 많은 그림과 알기 쉬운 설명이 추가되었다. 일본어 번역본에도 번역자에 의한 역주와 해설이 더해졌다.

이 책은 기존의 번역서와는 다른 시도를 해 보았다. 기존의 부족한 점을 보완하면서 패러데이가 강연에서 청소년들에게 보여주었던 실험을 보다 깊이 이해하기 위해서, 원서의 초록과 함께 원서 중에서 가정이나 학교에서 할 수 있는 실험을 선택하여 재료와 순서, 주의 사항 등을 정리했다. 불을 다루는 실험이 많기 때문에 아무쪼록 화상과 화재에 충분히 주의를 하면서, 패러데이가 약 160년 전에 청소년들 앞에서 보여주었던 실험을 스스로 체험해 보기 바란다.

2018년 11월 시라카와 히데키白川英樹

감사의 글

이 책이 나오기까지 많은 분이 도와주셨습니다. 먼저 실험을 위해서 조언을 해 주시고 실험 장소를 제공해주신 쓰쿠바 대학의 기지마 마사시木島正志 교수님께 감사의 말씀 드립니다. 또 마루오 후미아키丸尾文昭 교수님, 나가타니무라 유코長谷村 祐子 님, 사이토 메구미齋藤萌 님, 가루베 료타軽辺凌太 님, 다부치 코타로田渕宏太朗 님, 미우라 다카야三浦貴也 님, 스기타 아키코杉田晶子 님, 히라노 요시히로平野善弘 님, 요시다케 마코토吉武真 님께도 감사의 말씀 드립니다.

그리고 이 책을 기획하고 촬영, 편집에 이르기까지 모든 면에서 지원해주신 SB 크리에이티브의 다우에 리카코田上理香子 님, 사진 촬영과 실험을 도와주신 카메라 감독 후라쿠 카즈야冨楽和也 님, 디자인을 맡아 정성을 다해주신 '고보 디자인 사무소'의 나가세 유코永瀬 優子 님에게도 감사의 말씀 드립니다.

끝으로 바쁘신 중에도 기꺼이 감수를 맡아주신 쓰쿠바 대학 명예교수 시라카와 히데키白川英樹 교수님께 이 자리를 빌려 다시 한번 감사의 말씀 드립니다. 시라카와 교수님께서 미래 세대 육성을 위해 과학 실험 교실 및 과학 저널리스트 지원 활동에 힘쓰시는 모습은 패러데이의 모습과 겹쳐 보입니다. 시라카와 교수님과 이 책을 만들 수 있어서 행복했습니다. 정말 감사드립니다.

2018년 11월 오지마 요시미尾嶋好美

참고 문헌

참고 서적

- 『A Course of Six Lectures on the Chemical History of a Candle』 Michael Faraday, Charles Griffin and Co., 1865
  * 『The Chemical History of a Candle』로 줄여서 말하는 경우가 많기 때문에 본문에서도 이처럼 표기하였습니다.
- 『Michael Faraday's the Chemical History of a Candle: With Guides to Lectures, Teaching Guides & Student Activities』 William S Hammack·Donald J DeCoste, Articulate Noise Books, 2016.
- 『패러데이의 영국(ファラデーが生きたイギリス)』 오야마 케이타 저, 일본 평론사, 1993년
- 『신 촛불의 과학: 화학변화는 어떻게 일어나는가(新ロウソクの科学—化学変化はどのようにおこるか—)』 P.W.Atkins 저, 타마무시 레이타 역, 도쿄 화학동인, 1994년
- 『마이클 패러데이: 천재과학자의 기적(マイケル·ファラデー—天才科学者の軌跡)』 J.M. Thomas 저, 치하라 히데아키·쿠로다 레이코 역, 도쿄 화학동인, 1994년
- 『화학에 매료되어서(化学に魅せられて)』 시라카와 히데키 저, 이와나미 신서, 2001년
- 『내가 걸어온 길: 노벨화학상의 발상(私の歩んだ道—ノーベル化学賞の発想)』 시라카와 히데키 저, 아사히신문 출판, 2001년
- 『시각으로 이해하는 포토 사이언스 화학도록(視覚でとらえるフォトサイエンス 化学図録)』 수연출판 편집부 편저, 수연 출판, 2003년
- 『촛불의 이야기(ろうそく物語)』 마이클 패러데이 저, 시라이 토시아키 역, 호세이대학 출판국, 2005년 신장판)
- 『마이클 패러데이: 옥스퍼드 과학의 초상(マイケル·ファラデー—オックスフォード科学の肖像)』 Owen Gingerich 편집 대표, Colin A. Russell 저, 스다 야스코 역, 오츠키 서점, 2007년
- 『촛불의 과학(ロウソクの科学)』 패러데이 저, 타케우치 요시토 역, 이와나미 문고, 2010년

- 『촛불의 과학(ロウソクの科学)』 패러데이 저, 미츠이시 이와오 역, 가도카와 문고, 2012년
- 『촛불의 과학: 괴짜 선생님과 함께하는 즐거운 과학(ロウソクの科学—世界一の先生が教える超おもしろい理科)』 마이클 패러데이 원저, 모험기획국·히라노 루이지 글, 우에지 유호 그림, 최윤영 역, 김경수 감수, 아이노리, 2020년

참고 논문

- 「실험의 천재 패러데이의 일기(実験の天才ファラデーの日誌)」(Review of Polarography, Vol.59, No.2, 2013) 기하라 소린

참고 웹사이트

- The Royal Institution, The Faraday Museum, www.rigb.org/visit-us/faraday-museum
- Michael Faraday's The Chemical History of a Candle with Guides to the Lectures, Teaching Guides & Student Activities, www.engineerguy.com/faraday/

촛불의 과학

초판 인쇄 2021년 9월 1일
초판 발행 2021년 9월 5일

편역 오지마 요시미
감수 시라카와 히데키
옮긴이 공영태
펴낸이 조승식
펴낸곳 (주)도서출판 북스힐
등록 1998년 7월 28일 제22-457호
주소 01043 서울시 강북구 한천로 153길 17
홈페이지 www.bookshill.com
E-mail bookshill@bookshill.com
전화 (02) 994-0071
팩스 (02) 994-0073

촬영 후라쿠 카즈야 외
일러스트 나카무라 사토시, 고보 디자인 사무소 등

ISBN 979-11-5971-349-1
값 13,500원

* 잘못된 책은 구입하신 서점에서 바꿔 드립니다.